Kentaro Go

郷 健太郎 [著]

人間中心設計イントロダクション

HUMAN-CENTERED DESIGN

近代科学社

● 序　文

　私たちは数え切れないほど多くのデザインされたモノに囲まれています．目に入るモノの多くは誰かが大きさやカタチを決めた結果として存在しています．そして，そのうちの大半にはコンピュータが直接的に，あるいは間接的にかかわっています．もしあなたが電子ブックやスマホで本書を読んでいるならば，それはコンピュータそのものを使っていることになります．もしあなたが紙に印刷された書籍として本書を読んでいるならば，目に入る文字形状（フォント）や，ページ内の文字や図の配置，装丁，紙質は誰かが決めたもので，決める作業や決めた後に製品として作り上げる作業は，コンピュータを使って行われました．モノの設計や開発を実践する上では，いまやコンピュータが不可欠です．

　本書では，人間中心設計 (human-centered design, HCD) と呼ばれる実践の分野について，その基本的な考え方を説明します．そして，ユーザインタフェースやヒューマンコンピュータインタラクションの話題も扱います．読者として想定しているのは，主としてエンジニアリング分野の学生です．特に，コンピュータに関する設計開発を行う学生を対象としています．この分野の学生は．長い時間をかけてハードウェアとソフトウェアを開発する技術を学びます．そして，開発や実行の効率の良さ，機能に関する品質の高さ，ばらつきの小ささや安定性，といった，様々な工学的センスを身につけます．まじめで優秀な学生ほど，ここに人間の特徴を位置づけることが困難に感じるかもしれません．人間はコンピュータに比べると，あらゆるスピードが遅く，間違えることがあって，同じことを同じように繰り返すことを苦手としています．しかし，私たちが作り出すモノ（製品やシステム，サービス）は，そのような人間が使って恩恵を受けるためにあります．さらには，モノを作り出す過程も人間が様々な形でかかわっています．当たり前なのですが，人間なしのエンジニアリングはありえないのです．

　本書を通して，伝えようとしている中心的なメッセージは以下のとおりです．

- 私たちが成果物として作り上げる対象はインタフェースですが，実際にはインタラクションをデザインしなければならないこと．
- インタラクションを効果的に実現する手段は人間中心設計であること．

このメッセージが修得できれば，それを足がかりとして様々なデザインに関する考え方（エクスペリエンス・デザイン，サービスデザイン，デザイン思考など）は容易に理解できるはずです．

　人間中心設計の基本的な考え方はとてもシンプルです．それは，**ユーザとかかわりながら，デザインを繰り返すこと**です．もう少し詳しく言うと以下のようになります．

- 構想段階ではユーザやその環境に対する調査を行うこと．
- 設計開発の早い段階からユーザとかかわり，継続的に成果物を評価してもらうこと．
- 評価結果に基づき，必要に応じて成果物を変更すること．

では，この過程を効果的に行うためにはどうすればよいのでしょうか？　そのための道具や手法が，人間中心設計の研究と実践の分野では考え出されています．それを紹介するのが，本書のねらいの一つでもあります．

　本書の構成は以下のとおりです．

- 第 1 章では，人間中心設計の全体像を説明します．本書についての長めの要約でもありますので，人間中心設計の全体像を速やかに理解したい人は，第 1 章を読めばよいでしょう．
- 第 2 章と第 3 章では，私たちが設計開発する対象の特徴について議論します．コンピュータに関する技術を開発する場合に，設計開発の対象はいまや「コンピュータ」ではなくなっていることを説明します．
- 第 4 章と第 5 章では，私たちが対象として想定するユーザについて議論します．
- 第 6 章と第 7 章では，ユーザビリティと人間中心設計に関する国際標準について説明します．ここまでが前半の内容です．

- 後半の第 8 章から第 14 章では，人間中心設計を構成する各段階を順番に説明します．人間中心設計を実践する場合に使える道具や手法についても挙げます．
- 最後に第 15 章では，この分野での発展的な話題について紹介します．

　本書は様々な方々との議論を通して学んだことに基づいています．人間中心設計推進機構の理事・評議員の方々と，日本人間工学会アーゴデザイン部会の方々には，たくさんの議論の機会をいただきました．また，黒須正明先生（元放送大学）には，Edinburgh で開催された国際会議 INTERACT 1999 でご一緒させていただいたことをきっかけに，ユーザビリティや人間中心設計にかかわる様々な機会をいただきました．ありがとうございました．

　本書の内容は山梨大学工学部でのヒューマンコンピュータインタラクションと人間中心設計に関する講義に基づいています．講義に参加してくれた学生の皆さんに感謝します．また大学院での講義を共同で担当している小俣昌樹先生と木下雄一朗先生に感謝します．

　本書の執筆にあたっては，近代科学社の小山透氏と石井沙知氏，安原悦子氏，高山哲司氏に多大なご尽力をたまわりました．特に小山氏には企画段階から長期にわたってご支援をいただきました．打合せのたびに，日本の情報科学の黎明期に活躍された大先生方のエピソードを伺うことが本当に楽しみで，本書の完成でその機会が終わってしまうことが少し寂しくもあります．石井氏は小山氏の思いを引き継いで出版に導いてくださいました．また安原氏はステキなイラストを作成してくださいました．高山氏は原稿を丁寧に読んでくださり最後の仕上げをしていただきました．この場を借りて感謝の意を表します．ありがとうございました．

　最後になりますが，本書の内容に誤りがあるとすれば，それは著者の責任です．人間中心設計の基本理念に基づいて，適切に変更していきたいと考えています．それでは，人間中心設計で，作り手と使い手の双方が幸せになることを願っています．

2022 年 1 月

郷 健太郎

● 目　次

序　文 ·· iii

第 1 章　人間中心設計の考え方 ······································· 1

1.1　生活の中でのコンピュータ　　1

1.2　何を作るのか　　5

1.3　誰のために作るのか　　6

1.4　「よくできた」という基準は何か　　7

1.5　どのようにして作るのか　　9

1.6　適切なインタラクションを実現する難しさ　　10

1.7　デザイナとエンジニアができること　　12

第 2 章　インタラクションの対象 ································· 14

2.1　何を作るのか　　14

2.2　入力装置　　16

2.3　出力装置　　18

2.4　IoT 時代のインタフェース　　19

2.5　典型的なコンピュータの使用　　20

2.6　現在のコンピュータの使用　　24

2.7　未来の生活を変えるかもしれない技術や概念　　26

第 3 章　インタラクションのスタイル ····················· 32

3.1　様々なインタラクションのスタイル　　32

3.2　グラフィカルユーザインタフェース　　33

3.3　WIMP の構成要素　　34

3.4　GUI に関連するコンセプト　　37

3.5　GUI の問題点　　44

第 4 章　人間のインタフェース特性 ································· 47

4.1　誰のために作るのか　　47

4.2　人間の多様性　　49

4.3　デザイン上の決断や方針　　51

4.4　人間–機械モデル　　53

4.5　受容器　　54

4.6　受容器の特性のデザインへの活用　　57

第 5 章　人間の認知特性 ·· 62

5.1　人間の情報処理過程のモデル　　62

5.2　処理時間に焦点をあてたモデル　　69

5.3　デザイナとユーザとの関係性を示すモデル　　74

5.4　ユーザの欲求を説明するモデル　　78

第 6 章　ユーザビリティ ·· 80

6.1　「よくできた」という基準は何か　　80

6.2　プロダクトとプロセス　　81

6.3　利用品質の考え方　　83

6.4　ユーザビリティ　　83

6.5　ユーザビリティテスト　　88

6.6　ユーザビリティの定義がもつ課題　　91

第 7 章　人間中心設計 ··· 95

7.1　設計プロセス　　95

7.2　ソフトウェア開発の問題　　96

7.3　ユーザビリティデザインプロセス　　97

7.4 人間中心設計のプロセス　98
7.5 人間中心設計　99
7.6 プロトタイピング　102
7.7 人間中心設計のメリット　102

第 8 章　利用状況の理解および明示：アプローチ ················ 104

8.1 ユーザの声　104
8.2 利用状況の理解および明示　105
8.3 定量的調査と定性的調査　107
8.4 三つの基本手法　107

第 9 章　利用状況の理解および明示：調査の実践 ················ 117

9.1 インタビューの実践　117
9.2 質問紙の実践　121
9.3 その他の手法　122

第 10 章　ユーザ要求事項の明示 ································· 125

10.1 ユーザ要求事項の明示の活動　125
10.2 要求の種別　126
10.3 インタラクションデザインの観点から検討すべき要求　128
10.4 要求の表現　129

第 11 章　設計解の作成：アプローチ ····························· 137

11.1 考え方の背景　137
11.2 人間中心設計での着眼点　138
11.3 アイデアが創出されるような調査　139
11.4 プロトタイプの種類　140
11.5 代表的なプロトタイプと使い方　143
11.6 システムをコンテキストにおくこと　146

第12章　設計解の作成：デザインの実践 ································ 148

12.1　プロトタイプの実践　148

12.2　ストーリボードとペーパープロトタイプ　148

12.3　オズの魔法使い法　151

12.4　ビデオプロトタイピングのコツ　154

12.5　パラレルプロトタイピング　155

第13章　設計の評価：実験的評価 ······························· 158

13.1　評価の分類　158

13.2　実験的評価の例　161

第14章　設計の評価：分析的評価 ······························· 169

14.1　分析的評価の特徴　169

14.2　インスペクション法　170

第15章　発展的なトピック ·· 178

15.1　ユーザエクスペリエンス：ユーザビリティを超えて　178

15.2　ユーザエクスペリエンスデザイン　182

15.3　サービスデザイン　183

15.4　HCDのマネジメント　187

演習問題を考えるためのヒント ······································ 190

引用文献 ·· 194

参考文献 ·· 200

索　　引 ·· 203

（コラム）————————————————————————————————————

タッチスクリーンは使いやすいか ･･････････････････････････････････ 23

車椅子で階段の先へ行きたい ････････････････････････････････････ 52

人間中心設計の考え方

人間中心設計とは何でしょうか．本章ではその考え方の基本を学びます．

1.1　生活の中でのコンピュータ

　私たちはたくさんのコンピュータに囲まれて生活をしています．身近なコンピュータとしてはスマートフォン（スマホ）があるでしょうし，勉強や仕事でタブレット端末やノート PC を使っている人もいるでしょう．現在のデジタルテレビはコンピュータと同じ機能をもっていますし，自動車はコンピュータによってエンジンが制御されています．

　多数のコンピュータが機器や装置を制御した結果として，電気やガス，水が家庭に送られてきます．そして，膨大な数のコンピュータの相互接続，すなわちインターネットによって，情報が私たちの手元に届きます．

　現在の多くのコンピュータは，様々な姿かたちをしており，装置や機器の中に埋め込まれています．情報を処理した結果を直接的に私たちに見せることもあれば，私たちの生活の質を保つための社会基盤として裏方で活躍していることもあります．

　このような，数え切れないほどのたくさんのコンピュータに囲まれた環境の中心に，私たち生活者がいます．

　本書では，私たち生活者を代表するキーワードとして**ユーザ** (user) を使うことに

します．ユーザが，見たり聞いたり触ったりするコンピュータ側の部分を，本書では**ユーザインタフェース** (user interface) と呼びます．一般的なコンピュータであれば，キーボードやマウスといった入力装置，そしてディスプレイやスピーカーといった出力装置がユーザインタフェースに相当します．スマートフォンのタッチスクリーンのように，コンピュータへの入力と出力が見た目上で一致している装置もあります．

　ユーザインタフェースを介してユーザがコンピュータと情報や信号をやりとりすることを**インタラクション** (interaction) と呼びます．スマートフォンのタッチスクリーンに表示されたボタンをユーザが見て，そのうちの一つを押す行為は，インタラクションです．このとき，タッチスクリーンやそこに表示されているボタンは，ユーザインタフェースです．

　コンピュータの使用感は，ユーザインタフェースの良し悪しだけでなく，ユーザが適切なインタラクションをできるかどうかによって大きく左右されます．したがって私たちデザイナやエンジニアは，ユーザインタフェースのデザインだけではなく，インタラクションのデザインについての知識が必要となります．そして，インタラクションのデザインには，人間や社会に関する特性からコンピュータに関する技術まで，学際的で総合的な知識が必要です．この知識体系を**ヒューマンコンピュータインタラクション** (human-computer interaction, HCI) といいます．

　本書では，HCI において製品やシステム，サービスを，設計・開発・評価する上で必要な考え方を議論します．そして，効果的なインタラクションを実現する手段として，**人間中心設計** (human-centered design, HCD) を扱います．以下では，私たちが作り出す製品やシステム，サービスをまとめて**人工物** (artifact) と呼びます．

　読者が本書を読み終わった後に，以下の項目を達成できていることを目指します．

- 人間およびコンピュータのインタフェース特性を理解する．
- 基本的なインタフェース要素の種類と特徴を理解する．
- ヒューマンコンピュータインタラクションにおけるデザインと評価の重要性を習得する．
- 人間中心設計を計画できる能力を習得する．

● 代表的な評価手法を習得する.

1.1.1 Siri を使っていますか?

　本書の読者の多くは,モノづくりに将来携わることになるでしょう.具体的には,デザイナやエンジニアとして,技術開発を担うことになるのではないでしょうか.あるいは,サービスやソフトウェアといった物理的な形がない「コト」を作るかもしれません.モノやコトを作るときに,ユーザが操作する対象(ユーザインタフェース)はとても重要です.機能そのものの良し悪しだけでなく,その存在自体も左右します.

　2011 年に Apple 社は,Siri という音声処理ソフトウェアを iPhone 4S に搭載することを発表しました.Siri は自然言語による発話を認識して解析する機能をもちます.すなわちユーザは,発声によって命令を与え,情報処理の結果を音声として聞くことができます.つまり,人と会話するようにコンピュータ(この場合,Siri が搭載されたコンピュータ)を扱うことができるのです.

　このような音声インタフェースは,古くから多くの人々が思い描いてきた究極の

Siri に話しかける方法は,いくつかあります.
「Hey Siri」と話しかける
「Hey Siri」と話しかけて,すぐに用件を伝えます.例えば,「Hey Siri,今日の天気は?」と聞いてみましょう.
ボタンを押してから指を放す
・iPhone X 以降では,サイドボタンを押してから,すぐに用件を伝えます.
・ホームボタン非搭載の iPad Pro では,トップボタンを押してから,すぐに用件を伝えます.
・ホームボタンを搭載したデバイスでは,ホームボタンを押してから,すぐに用件を伝えます.
用件が長くなる場合は,Siri の呼び出しに使うボタンを長押ししながら用件を伝え,話している間ずっと押し続けます.

(a) 2017 年頃の説明(画像)　　　　　　　(b) 2021 年頃の説明(記述)

図 1.1 Apple Siri のインタフェース(https://support.apple.com/ja-jp/HT204389 より引用)

インタフェースです．実際に，これまで莫大な予算と膨大な時間がこの領域の研究，すなわち音声認識や音声・テキスト処理の研究に費やされてきました．いまそれが商用の製品レベルで広く一般に提供されるようになりました．また，Siri の発表後は，同様の製品やサービスが他社からも発表されて，さらに音声インタフェースを使える機会が増えました．しかも，基本ソフトウェア (OS) の更新ごとに，その音声インタフェース機能の品質も高くなっています．

　ところで皆さんは，Siri を使っていますか．

　2021 年現在で，音声インタフェースを使ってバリバリ仕事をしているという人は，少なくとも私の周りでは見かけません．街を歩いている人や公共交通機関を使っている人をたくさん見ますが，その中で音声インタフェースを使っている人は目立ちません．電車の中でスマートフォンやタブレット，ノート PC を使っている人はたくさん見かけますが，多くの場合，静かに黙って画面を見つめています．

　これはどうしてでしょうか．少し考えてみましょう．

（演習）　Siri が使える場合と使えない場合をリストアップしよう．

Siri が使える場合（効果を発揮するとき）：

- タイマーや簡単な検索など，明確で短い命令を指示するとき．
- 手打ちだと難しい，長い文章などを入力するとき．
- 自動車の運転中など，集中しなければならない他の作業をしているとき．
- 両手に荷物を持って歩いているとき．

Siri が使えない場合（効果を発揮しないとき）：

- 映画館や美術館のような，静かにしなければならない場所にいるとき．
- ライブハウスやコンサートのような，周辺に大きな声が響いているとき．
- 他の人に聞かれたら困るような内容を入力したいとき．
- 他の人と会話しているとき．

　音声インタフェースは，ユーザがいる環境やユーザがおかれた状況によって，使える場合と使えない場合があることがわかります．例えば，声を出しても差し支えない環境にいる場合には，両手が使えないという状況の問題を解決するために，音声

で命令を指示することが効果を発揮します．一方で，映画館や美術館のように，声を出すことが望ましくない環境にいる場合には，声を上げて入力することは難しくなります．このような，使用できるかどうかが環境や状況に依存するという性質は，音声インタフェースだけに限らず，ユーザインタフェース全般に共通しています．

また，使えるような状況にあっても，その機能があることをユーザが知らなければ使われることはありません．さらには，その機能が存在していたとしても，ユーザが適切なタイミングでうまく起動させられなければ，やはり使われることはないのです．コンピュータの機能は，ユーザにとって使う価値があると理解され，その機能が搭載されていることが認識されて，さらにはどのように使うかという使い方が理解され，作り手が意図したように使ってくれたときに，初めて機能します．どんなにすばらしい高度な機能であっても使われなければ，その機能は存在していないことと結果的には同じです[1]．

1.1.2 本書の特徴

本書は，モノやコトを生み出す立場での HCI を議論します．このための系統的なプロセス（手順と手法）として HCD があります．

全体として，次のような流れで説明します．

1. 何を作るのか？
2. 誰のために作るのか？
3. 「よくできた」という基準は何か？
4. どのようにして作るのか？

以下では順番に，各段階の概要を説明します．

1.2 何を作るのか

従来のコンピュータのデザインは，目の前にある一つのコンピュータを対象とし

---

[1] 音声インタフェースは，あまり使われないから意味がないと思われるかもしれませんが，実際にはアクセシビリティの観点で非常に大きな役割を担っています．身障者の情報格差を小さくするためにも欠かせない機能です．

ていました．身体機能に適合して使いやすいかを重視していました．この領域は**人間工学** (ergonomics) と呼ばれます．コンピュータは計算したり情報を処理したりといった目的に使える機械ですので，人間の認知機能や情報処理機能と適合するかという観点での研究も行われてきました．

　コンピュータのネットワークが発達してくると，作る対象物は「目の前にある1台のコンピュータ」で閉じるほど簡単ではなくなりました．いまではネットワーク（メディア）を介した他者とのコミュニケーションがコンピュータの主な用途となっています．人々は，電話のように会話をするための装置として，また，SNS のような文字や写真，映像を共有するアプリケーションを使う装置として，コンピュータを使うようになりました．

　さらに，ネットワークの発達によって，遠隔地にある装置やプラントを監視制御したり，ネットワーク上にある大量のデータを処理したりするという仕事も現れるようになってきました．つまり，手元で使っているコンピュータは，遠隔地にある機能を制御するための操作端末となっていることがあります．

　また現在では，一般の人々が小型化されたコンピュータを常に身につけて持ち歩いています．いわゆるスマートフォンです．持ち歩ける程度に軽量化して小型化するという物理的な制約が，人間工学的にもコンピュータのデザインを難しくしています．

　小型で高性能なコンピュータを安価に作る技術が発達し，これが多様なセンサーとネットワークと組み合わさった結果として，あらゆる物にコンピュータが組み込まれるようになっています．この傾向は今後も続くことでしょう．

　このように，私たちコンピュータに関係するエンジニアが作る対象は，あらゆる日用品から社会基盤を担うサービスまで，大きく広がっているのです．

　以上のような「何を作るか」に対する議論を第2章と第3章で行います．

1.3　誰のために作るのか

　ヒューマンコンピュータインタラクションは，人間とコンピュータの間に発生するコトをいうと先に述べました．つまりこの関係性では，人間が欠かせない重要な構成要素です．エンジニアがコンピュータに関する製品を作成する場合，それを使

う人たちを**ユーザ** (user) という用語でひとくくりにして表現することがあります．しかし実際には，ユーザという一言で代表して表現できるほど人間は単純ではありません．一人ひとりが違う生活者であり，身体的特性や認知的特性，知識や経験，おかれた状況や環境に違いがあるからです．

利用者には人間工学的な違いがあります．一人ひとりが身長や体格，運動能力に違いがあります．スマートフォンを使うユーザを考えた場合，保持できる大きさや重さ，保持し続けることができる時間には，個人によって大きな差があります．一度に視認したり区別したりできる画像の数や色にも，個人差によるばらつきがあります．対象をどのくらい記憶できるのか，どのくらい認識できるのか，手順を学習できるのか，といった点にも大きな違いがあります．

一方で，ばらつきをもちながらも，多数の利用者に対して共通する平均的な数や量，時間があります．このようなユーザの特徴や特性を知ることが，適切なデザインの根拠となります．

以上のような「誰のために作るか」に対する議論を第 4 章と第 5 章で行います．

1.4 「よくできた」という基準は何か

図 1.2 には，スマートフォンを使っている人の様子が描かれています．もしあなたがスマートフォンを使う場合，何をしますか．

(演習) あなたがスマートフォンを使って行うことを挙げてみましょう．
- 検索をする．
- 掲示板を見る．
- 友達にメッセージを送る．
- 電話をかける．
- 時間を確認する．
- SNS を使う．
- 音楽を聴く．
- ゲームをプレイする．
- 写真を撮る．

図 1.2　スマートフォンの使用状況

- コンビニで支払いをする.

このように，実にたくさんのことを行っていると思います.

　ここで注意したいのが，多くの場合スマートフォンを使うこと自体は通常，やりたいこと，つまり**目標**ではないということです. 私たちはスマートフォンを**手段**として使って様々なこと（ここでいう目標）を実現しています. 私たちは，上記に挙げたようなたくさんのことを容易に実現できる手段として，手元にスマートフォンがあるからそれを使っているにすぎません. 実際にスマートフォンが普及する前には，インターネットでの検索やメッセージの送信にはデスクトップ型やノートブック型の PC を使って行っていました. PC やインターネットが普及する前は，遠くの人と連絡をとるために電話を使っていました.

　タッチ画面を搭載した手のひらに収まる大きさの四角い薄い箱という現在のスマートフォンの形状も，将来的に同じ形状を維持し続けるという保証はどこにもありません. もしかしたら，スマートフォンで実現されている機能は，メガネ型端末にすべて埋め込まれたり，究極的には人体の機能の一部として埋め込まれたりする可能

性も否定できません[2].

　一方で，インターネット情報の検索やメッセージの送信は，それを実現する手段が変わっても大きく変化しないと推測することができます．したがって，目標と手段を明確に理解して対象をデザインしなければ，適切なデザインができません．すなわち，ユーザが実現したいと思っていること（目標）が何で，それをどんな方法で実現しているか（手段）を分けて理解する必要があります．

　このように分けることで，手段が適切かどうかを評価することができます．

　「したい」と思っていることができるかどうかを示す指標は，**効果** (effectiveness) と呼ばれます．また，それを時間や労力をかけずにできるかどうか，すなわち**効率** (efficiency) も，手段が適切かどうかを示す指標となります．そして，期待が満たされたかどうかの受け止めかたを**満足** (satisfaction) と呼びます．これらの指標をまとめて，**ユーザビリティ** (usability) と呼びます．

　以上のような「『よくできた』という基準は何か」に関連する様々な議論を第 6 章で行います．

1.5　どのようにして作るのか

　ユーザビリティの高い人工物を作るためにはどうすればよいでしょうか．多くの品質管理に関する過去の取り組みからそれを学ぶことができます．具体的には，対象を知り，そして，対象に対して適切なデザインを行い，それがうまくデザインされているかを評価するというサイクルを繰り返すことで，実現できます．

　具体的には以下の 4 段階を繰り返します．

1. 要求を把握する．
2. 要求を分析する．
3. 要求を具体化する．
4. 具体化された要求を評価する．

この繰り返し過程は**人間中心設計**として標準化されています．そしてヒューマン

---

2) マイクロチップを皮膚下に埋め込むという行為は，2015 年にスウェーデンで最初に行われ，世界中に広がりつつあります．

コンピュータインタラクションの観点から，この繰り返し過程を進めやすくするための手法や道具が，これまで数多く考案され利用されています．

　以上のような「どのようにして作るのか」に対する議論を第 7 章以降で行います．

1.6　適切なインタラクションを実現する難しさ

　私たちがモノづくりやコトづくりにかかわる上で，適切なインタラクションの実現が難しい理由の一つが，前述したような目標と手段の違いにあります．私たちが仕事としてデザインする対象は手段の場合が多く，目標はユーザにゆだねられています．次の例を考えてみましょう．

プロジェクタのデザイン

　あなたは，就職した会社でプロジェクタの開発部門に配属されました．上司から割り当てられた仕事はプロジェクタの新しいモデルを開発することです．つまり，プロジェクタという「製品」をデザインすることになります．

　ハードウェアの観点では，その製品をどのような形状にするか，どのような基板にどのような電子部品を組み入れるか，どのような接続コネクタを用意するか，どのような光源とレンズを使うかといった，多数の物理的な選択項目があります．ソフトウェアの観点では，電源をどのように制御するか，温度をどのように管理するか，各種の設定画面と操作フローをどのように設計するかといった，こちらも多数の選択項目があります．

　このように，制約と選択の中から数多くの決定を行った結果として，プロジェクタという製品が実現されます．

　視点を変えて，プロジェクタのユーザを考えてみましょう．

　いま，大学の講義室で教員がプロジェクタを使う場面を想定します．教員が講義室にノート PC とプリントの束を持参して現れました．そして備え付けのプロジェクタの電源を，教卓に置いてあったリモコンを使って入れようとします．プロジェクタは講義室の天井に吊り下げられています．そこで，リモコンをプロジェクタに向けて赤い色の電源ボタンを押します．するとプロジェクタの LED が光り，レン

ズ部分が明るくなりました.

　しばらくたつと，教室前にあるスクリーンに青い色の光が四角く投影されました.
教員は，ノートPCを立ち上げ，備え付けのケーブルを接続します. スクリーンに
ノートPCの画面が表示されることを期待しています. しかし，今日はなぜか表示
されません.「おかしいな」とつぶやきながら，ケーブルをしっかりと接続し直しま
す. 状況は変わりません.

　そこでリモコンの「設定」ボタンをプロジェクタに向けて押しながら，スクリー
ンに投影されたプロジェクタ設定画面を見ます. いくつか，設定を切り替えてみま
すが，状況は一向に変わりません.

　「うーん. どこを設定していいかよくわからないね」

　そうしているうちに講義室はざわつき始めます.

　教員は「プロジェクタが使えないようだから，今日はプリントで講義をやろう」と
言ってプリントを配布し始めました. ようやく講義の開始です.

　このようなシーンに，講義や会議の開始時に出くわすことがあります. あなたが
開発を担当したプロジェクタが，このような使用状況に直面している場合，残念に
感じるかもしれません. しかも結局使われなかったとしたら，なおさら残念に思う
でしょう. Siriの例で示したように，使われない機能は存在していないことと等し
いからです.

　教員にとっては，プロジェクタを使うことは手段でしかありません. 事前に用意
してきた資料を学生と共有して，講義を行うことが目標です. この目標を実現する
ためには，必ずしもプロジェクタを使う必要はなく，プリントで講義を進めても構わ
ないのです. 目標に到達するための手段として，プロジェクタを使うのか，プリン
トを使うのか，それ以外のあらゆる可能性が，教員にはゆだねられています. プロ
ジェクタが使えないと判断したときに，プロジェクタを使う必要はありません. だ
からこそ，ユーザビリティは高くなければなりません. ユーザが別の手段に容易に
移ることができる場合には，ユーザビリティの低い人工物は使われないからです[3].

---

3) これに対して，どうしても使わなければならない人工物もあります. 例えば仕事で使うことを指定
　されるシステムや，目標を達成する手段がそのシステムしかなく，他に選択肢がない場合です. こ
　のようなシステムこそ，利用上の品質でデザインの価値が決まります. 高いユーザビリティが求め

1.7　デザイナとエンジニアができること

　図 1.2 の例では，私たちデザイナとエンジニアが仕事としてデザインするモノは，女性が手元に持っているスマートフォン（のアプリ）です．きれいでかわいい，かっこいい，使いやすそうという見た目の表現を私たちはデザインすることができます．どの機能をどのタイミングで動かし，どのような入力を求めて，その結果として何を出力するか，という機能の動作順序も設計することができます．それをユーザに最も近い位置で支えるのがユーザインタフェースです．

　私たちはユーザインタフェースをデザインすることで間接的にインタラクションをデザインします．つまりユーザインタフェースは，女性がそのスマートフォンをどのように使っていくかを促すことになります（図 1.3）．

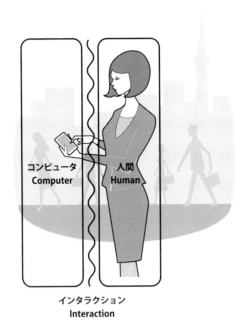

図 1.3　人間とコンピュータ，そしてインタラクションの位置づけ

　られるのです．また，戦略的にユーザビリティを低くデザインする人工物もあります．使いにくくすることによって安全性を確保するような場合です．

　このとき，女性とスマートフォンとの間に生じる**コト**がインタラクションです．実際の操作はその女性に完全に任されています．じっくり考えてゆっくり行うことも，途中でやめることもできます．したがって，適切で効果的なインタラクションのデザインには，ユーザインタフェースの技術的な側面だけでなく，ユーザである人のいる環境やおかれた状況についての十分な理解が必要です．

　さらに私たちが本当に提供すべきコトは，実はスマートフォンという表現ではないかもしれません．本当に必要とされているコトは，女性が頭の中に暗黙的にもっている問題への解ともいえます．そうであれば，私たちが仕事としてデザインするスマートフォンではない別の表現がより適切な場合もあります．このことが，さらにインタラクションのデザインを難しく，挑戦的にします．

　人工物とそれにかかわる人間の活動は，時間をかけて**共進化** (co-evolution) していきます[5]．私たちが開発して提供した人工物が人々の生活を変え，その変わった生活に合うように，あるいはもっと良くするように，私たちは新たな人工物を開発して提供します．そして，その人工物が人々の生活を変えます．このような共進化をしながら，私たちの未来の**生活の質** (quality of life, QOL) を一段と高めていきます．モノづくり，コトづくりという役割で，この共進化の過程に直接関与して貢献できるのが，私たちデザイナとエンジニアなのです．

第1章　演習問題 ●

1. 音声インタフェースが使える場合と使えない場合をそれぞれ挙げてみよう．
2. スマートフォンであなたが行っていることを挙げなさい．そのうち，スマートフォンでしかできないことはいくつあるか答えてみよう．
3. 本書ではインタフェースとインタラクションという用語を区別して扱っています．この二つの用語の違いを説明してみよう．

インタラクションの対象

本章では，インタラクションの対象を議論します．現代の社会ではその対象が
多様化していることを学びます．

2.1 何を作るのか

私たちが生み出す人工物は「目の前にある1台のコンピュータ」ですむほど簡単
ではありません．

私たちがスマートフォンで行っている行為の多くには，コミュニケーションがかか
わっています．したがって，スマートフォンをとりまく環境は，一人の人間（ヒュー
マン）が，1台のスマートフォン（コンピュータ）を使って行うこと（インタラク
ション）として考えるよりも複雑です．

ここでは，コンピュータは，ユーザと直接やりとりをする部分（**フロントエンド**）
としてありますが，その向こう側の部分（**バックエンド**）にはコミュニケーション
を支えるたくさんのコンピュータがあります．したがって，コミュニケーションを
支援するシステムのフロントエンドという観点で HCI のデザイン対象をみること
も必要です．

図 2.1 は現在のコンピュータが利用されているシーンを示しています．若い女性
や学生といった一般の人々が電車の中で思い思いの姿勢をとりながら，スマートフォン
を使っています．都会の電車の中でよく見る風景．これが 2020 年代の典型的な

図 2.1　現在のコンピュータの利用シーン

図 2.2　デスクトップ型コンピュータの利用シーン

HCI のおかれた状況です.

　これに対して，1980 年代の典型的な個人向けコンピュータの使用状況を図 2.2 に示します．ここでは技術者風の男性が 1 台のデスクトップ型コンピュータを使用しています．1980 年代はコンピュータがオフィスに導入され始めた時代ですが，専門家向けの特別な装置としてのコンピュータの影響を依然として強く受けていました．多くのコンピュータはオフィスの中にあり，非常に高価で大切に丁寧に扱われていました．コンピュータ自体は難しい対象で，学んだり訓練したりして使うもの

でした.

　それから 40 年以上が過ぎた 2020 年代でも, 仕事の現場ではデスクトップ型のコンピュータが使用されています. コンピュータが備えている機能は高性能になりましたが, 一般に使われているデスクトップ型のコンピュータのインタフェースは, 1980 年代に使われていたものと本質的な違いはありません[1].

　オフィスで使われるデスクトップ型のコンピュータであれ, 電車の中で使われるスマートフォンであれ, ユーザがやりとりを行うフロントエンドとしてユーザインタフェースを考えた場合, そのやりとりの特徴は, どちらも同じように区別して分類することができます. すなわち, ユーザからの入力を扱う部分とユーザへの出力を示す部分です. それぞれ入力装置と出力装置と呼ばれます.

2.2　入力装置

　デスクトップ型コンピュータの入力装置の代表はキーボードとマウスです （図 2.3).

　キーボードは, ボタン（押しボタンスイッチ）の集合です. それぞれのボタンが専用命令を発行するように作られています. コンピュータにはキーボード以外にもたくさんのボタンが用意されています. 電源ボタンや音量調節ボタン, ホームボタ

図 2.3　キーボードとマウス（写真は https://www.microsoft.com/accessories/ja-jp/keyboards より引用）

---

1)　デスクトップ型コンピュータのインタフェースは本質的に変わりはありませんが, コンピュータの使い方はこの 40 年で大きく変わりました. 一般の人が個人用のコンピュータ（しかもインターネット接続機能付き）を持ち歩くようになりました. つまり, スマートフォンの使用が主流となりました.

ンなどがあります.

　ボタンには，物理的な変化を与えることができ，変化に応じて事前に割り当てられた専用命令を発行するという特徴があります. 類似した特徴をもった入力装置には，スイッチやスライダ，つまみがあります.

　マウスは，位置情報の入力装置です. これは**ポインティングデバイス** (pointing device)（または，指示装置）と呼ばれ，グラフィックディスプレイの表示画面上の**カーソル**（ポインタ）を動かすために使われます. 通常はボタンが組み込まれており，ある特定の位置で命令を発行するときにこのボタンが押されます.

　マウスは通常，テーブル上に置いて使います. ある位置から動かされた方向と距離を計測する専用装置です. ユーザによってマウスが動かされると，画面に表示されたカーソルを，マウスが動かされた方向と距離に対応した分だけ動かして表示します.

　マウスと同様に位置情報を入力する専用装置には，以下のようなものがあります.

- タッチパッド
- ジョイスティック
- トラックボール
- ライトペン
- ペンタブレット

　これらの多くは，マウスと同じように，命令を発行するためのボタンが組み込まれています.

　各種のセンサもコンピュータへの入力装置として利用されています. ここで**センサ** (sensor) とは，状態を示すデータを生み出す機能です. 例えば，加速度センサ，GPS，3 次元位置検出装置，曲げセンサ，光センサ，温度センサ，近接センサがあります.

　加速度センサや GPS は多くのスマートフォンに組み込まれていますので，身近に使われている代表的なセンサです. 他にも，マイク，カメラ（ビデオカメラ）があります. マイクを使って音声命令を入力したり，二次元バーコードを入力したりするために使われることがあります.

　これらのセンサを組み合わせて，多様な専用入力装置が考案されています. 例え

図 2.4　Microsoft Kinect (写真は https://developer.microsoft.com/en-us/windows/kinect より引用．ディスプレイの上部に設置されている四角い箱が Kinect センサである)

ば，手指の形状と位置を検出する入力装置として手袋型のデータグローブがあります．他にも，身体に装着せずに身体形状を入力できる装置として Microsoft Kinect (図 2.4) や Leap Motion があります．

2.3　出力装置

出力装置の代表はグラフィックディスプレイです．「グラフィック」を省略してディスプレイと呼ばれています．一般的なディスプレイとは，静止画や動画の映像信号を視覚的に画面に提示する装置です．

ディスプレイには，以下のような種類があります．

- 液晶ディスプレイ (LCD)
- プラズマディスプレイ (PDP)
- 有機 EL ディスプレイ
- プロジェクタ

最近では見かけることが少なくなりましたが，2000 年代までは**ブラウン管** (CRT) を使った表示装置が用いられていました．図 2.2 の表示装置はブラウン管です．

　ディスプレイを「コンピュータの出力を人に提示する装置」と捉えると，視覚以外の感覚に情報を提示する装置もありえます．例えば，聴覚や触力覚，味覚，嗅覚に対して情報を提示する装置です．

　聴覚へのディスプレイとしては，スピーカやヘッドホン，イヤホンが一般的です．コンピュータから音で情報を伝達する装置として使われています．

　アクチュエータは触力覚提示装置として使うことができます．振動を提供する装置としてモータが活用できます．スマートフォンの着信時にはモータを使って，筐体全体を振動させます．すると，スマートフォンをポケットに入れて見ていない状態でも，着信したことを感じることができます．他にも，ペルティエ素子を筐体に組み込んで，触ったときに「冷たさ」を伝えることもできます．

　以上のように，情報の提示として様々なディスプレイの可能性があります．

2.4　IoT 時代のインタフェース

　私たちの生活に欠かせないインターネットは，コンピュータを相互にネットワーク接続することで発展してきました．現在では，大多数のコンピュータが地球規模で相互接続していることによって，様々な情報処理活動や商取引が行われています．

　このインターネットに，情報処理関連機器だけではなく，それ以外の様々なモノを接続しようという取り組みが進んでいます．このような取り組みを**モノのインターネット** (internet of things, IoT) と呼びます．一般には略称の IoT のほうがキーワードとして使われているようです．

　IoT の代表的な接続対象はセンサや制御装置です．これらをインターネットに接続することによって，遠隔地にある対象の状態を把握することができたり，その対象の状態を変化させたりすることができるようになります．この仕組みとコンピュータを組み合わせれば，対象がある状態のしきい値を超えたらスイッチを自動的に入れる，といったことも可能になります．

　IoT 時代には，遠隔地のセンサや制御装置を操作するフロントエンドとして目の前にあるコンピュータをデザインすることが必要とされます．インターネットという広大な世界を覗き，そこに影響を与える仕組みとしてのデザインが必要です．

図 2.5 　Nest Thermostat 　（写真は https://nest.com/uk/support/article/Tour-of-
the-Nest-Learning-Thermostat-temperature-screen より引用）

（演習）　図 2.5 は Nest Thermostat という製品です．サーモスタット (thermo-
stat) とは温度制御装置を意味し，冷暖房装置を制御して室内の温度を適正に保つた
めに使われます．日本国内では部屋ごとに冷暖房を制御することが普通ですが，一
部の国や地域では建物全体の冷暖房を集中管理することがあり，室内の壁（例えば
キッチンの壁）にサーモスタットが据え付けられています．

　Nest Thermostat は IoT 時代のサーモスタットだと言われています．Nest Ther-
mostat の機能をインターネットを使って調べ，この理由を答えてみよう．

2.5 　典型的なコンピュータの使用

　前述した様々な入力装置と出力装置の組合せに基づいて，私たちはコンピュータ
を操作します．

2.5.1 　基本的な操作

　コンピュータ上での基本操作は大きく二つに分けることができます．

【基本操作 1】

チョイス：複数の選択目標候補から特定の目標を決める．

【基本操作 2】

ポイント：ポインティングデバイスを動かして，画面上の目標へカーソルを移動させる．

いずれの場合も，続けて「セレクト：目標を選択する」という操作を行います．この操作で，この目標に決めたことを宣言するコマンドを，コンピュータに送ります．通常は，決められたボタンを押すことがセレクトに相当します．もちろんこれは，ハードウェアの押ボタンだけに限っているわけではありません．ソフトウェアで生成された画面上のボタンの場合もあります．

基本操作 1 の例は，携帯電話で電話をかけるときに現れます．携帯電話には番号を示すテンキーが並んでいます．これを一つずつ押しながら電話番号を指定します．つまり，複数の数字ボタンから特定の数字ボタンを決めて（チョイス），それを押す操作です（セレクト）．これを繰り返して電話番号全体を指定します．

キーボードで文字を入力する場合も同様です．キーボードはテンキーより多くの専用ボタン（キー）をもっていますが，入力したい文字のキーを選んで押すという作業は同じです．文字キーの集合から入力したい文字キーを決めて（チョイス），そのキーを押します（セレクト）．

スマートフォンでのアプリケーションの起動でも同じような操作を行います．スマートフォンの画面には通常，複数のアイコンが並んでいます．ここから立ち上げたいアプリケーションのアイコンをタップ（指で画面を軽く叩く操作）して選びます．複数アイコンからアイコンを一つチョイスして，それをタップしてセレクトします．

基本操作 2 の例は，デスクトップ型コンピュータをマウスで操作するときに現れます．

現在のデスクトップ型コンピュータの画面には，アイコンやメニューなどの選択できる対象が並んでいます．これを一つずつ選びながら作業を行います．例えば，画面上に表示されたカーソルをマウスで動かして，選びたいアイコンの上に移動させます（ポイント）．そして，マウスにあるボタンを押してそのアイコンを選択しま

す（セレクト）．ウィンドウズやマックでは，セレクト操作にダブルクリックを使って選択すると同時にアプリケーションを起動します．プルダウンメニューを操作する場合も同様です．メニューを表示した後では，マウスを使って，選びたいメニュー項目上にカーソルを動かします（ポイント）．そして，マウスのボタンを押してそのメニュー項目を選択します（セレクト）．

デスクトップ型コンピュータの操作は，見た目の表現が異なっていても，基本的にはここで述べた二つの基本操作の組合せで構成されています．

2.5.2　操作器と表示器の関係

本書の読者は，物心ついたときからコンピュータに囲まれた生活をしていると思います．おそらく小学校や中学校では，デスクトップ型コンピュータを使った経験があるでしょう．マウスという入力装置やディスプレイという出力装置に対しても，抵抗感なく自然に使えるのではないでしょうか．

しかし，これらの特徴を分析してみると，論理的には操作や動きの対応関係の一貫性が保たれていない部分があり，私たちはそれを学習することによって受け入れています．

例を使って具体的に説明します．いま，図 2.2 のような環境でデスクトップ型コンピュータを使っていることを考えてください．ユーザがマウスをデスクの上で右に動かすと，ディスプレイ画面上に表示されているマウスカーソルは右に動きます．私たちがよく目にする自然な動きです．

では次に，ユーザがマウスをデスクの上で奥行き方向に動かすと，マウスカーソルはどう動くでしょうか．マウスカーソルはディスプレイ画面上で上方向に動きます．奥行方向には動かないのです．

ディスプレイの物理的な配置も含めたこの環境では，マウスの動きとカーソルの動きの対応関係は完全には一致していません．マウスは**操作器** (control) であり，カーソルは**表示器** (display) に相当します．これらの関係を**操作器と表示器の関係** (control-display relationship) といいます．操作器と表示器の関係が一致しているかどうかで，その人工物の使いやすさが変わってきます．これらが一致していると，初めて使うときに戸惑いが少ないと考えられています．これらが一致していないと，使えるようになるためには，ユーザは時間をかけて訓練したり学習したりしなけれ

ばなりません.

2.5.3　入力と出力を兼ねる装置

　入力装置と出力装置を兼ねる装置もあります．スマートフォンで使われている**タッチスクリーン** (touchscreen) がその代表例です．タッチスクリーンでは，ディスプレイと，指の接触位置を感知できるセンサがちょうど重なるように組み合わされています．

　入力装置と出力装置が重なって同じ面を形成することで，画面の表示対象を直接触って操作することができます．したがってタッチスクリーンは，初心者にとって使いやすい装置だと一般に考えられています．

タッチスクリーンは使いやすいか

　タッチスクリーンには，実は操作が難しい場面があります．例えば，小さくて密集したボタンが画面に表示されているときにボタンを1つ押そうとすると，誤って意図しない別のボタンを押してしまうことがあります．これはファットフィンガー問題 (fat finger problem)[63] と呼ばれます．あえて日本語にするならば「太っちょ指問題」でしょうか.

　また，画面上のボタンを指で押すときには，指の下の部分は指で隠されてユーザからは見えなくなってしまいます．さらに画面の一部は拳の部分で隠されてしまいます．これはオクルージョン問題 (occlusion problem) と呼ばれます[74, 75]．なお，タッチスクリーンを使う場合でも，タッチ用のペン（スタイラス）を使う場合には，オクルージョン問題は軽減されます．ペン先が細く，しかも画面上から拳の位置が離れるため，指で直接画面をタッチする場合よりも隠される部分が減り，画面全体が見やすくなります.

　タッチスクリーンを使用したコンピュータは古くから存在していますが，これらの問題はスマートフォンという小型タッチスクリーンを搭載したコンピュータが広く普及したことで注目されました．その後，これらの問題を解決するインタフェース技術

が研究されてきました．例えば，画面上の指で隠された部分を，「吹き出し」のように
して見える場所にずらして拡大表示すれば，これらの問題を解決することができます．

2.6　現在のコンピュータの使用

　前述したように従来のコンピュータは，仕事の道具として専門家のために用意さ
れた装置で，使い方が統制された仕事の場で大切に用いられるものでした（図 2.2
を参照）．

　一方で，私たちの身近で見られる現在のコンピュータの使用状況は，図 2.2 とは
異なっています．私たちにとって最も身近なコンピュータはスマートフォンで，そ
れは個人的な目的のために一般の人々が使う道具であり，生活の場という多様な環
境のもとで用いられます．すなわち，机の上に据え置かれて椅子に座って使うコン
ピュータではなく，携帯されて自由な姿勢で使うコンピュータに変わっています（図
2.1 および 2.6）．このような使用環境を**モバイル環境** (mobile environment) とい
います．特に一般のユーザがコンピュータを使う場合，現在ではコミュニケーショ
ンの道具として使われています．

図 2.6　現在のコンピュータ使用状況

コミュニケーションシステムとしてのコンピュータ

　現在のコンピュータは，コミュニケーションシステムとしての使い方が個人ユーザにとって大きな部分を占めます．そこで，コミュニケーションシステムの特徴を整理して理解しましょう．

　表 2.1 は，コミュニケーションを支援する仕組みを，時間と空間によって分類したものです[11]．時間軸として，同じ時間（すなわち同期型）と異なった時間（すなわち非同期型）の二つに大きく分けます．空間軸として，同じ場所（すなわち対面型）と異なった場所（すなわち分散型）の二つに大きく分けます．すると 2 × 2 の四つの枠が得られます．それぞれの枠内に，対面での会議と付せん・ノート，電話，手紙が配置できます．

　対面での会議は，同じ時間に同じ場所で行われます．付せんは，異なった時間に同じ場所で行われる会議などにメモを残すために使うことができます．事前に行った会議の結果をメモとして残しておけば，そのメモを引き継いで，同じ場所で別の会議を行うことができます．電話は，話者同士が同じ時間に異なった場所で情報を交換するために使われます．そして手紙は，異なった時間に異なった場所で情報を交換するために使われます．なぜならば手紙は，送り手が書いて送ってから受け手に届くまでに時間差があるからです．

　では，表 2.1 の観点で，現在のコンピュータ技術を分類してみましょう（表 2.2）．

　同期・対面型には，会議を支援する様々なシステムがあります．電子黒板のように，コンピュータの映像を教室内で表示して共有するシステムは，このカテゴリに

表 2.1　時間・空間による既存技術の分類

	同じ時間 （同期型）	異なった時間 （非同期型）
同じ場所 （対面型）	対面での会議	付せん・ノート
異なった場所 （分散型）	電話	手紙

表 2.2　時間・空間によるコミュニケーションシステムの分類

	同じ時間 (同期型)	異なった時間 (非同期型)
同じ場所 (対面型)	会議支援 電子化教室 電子黒板	オフィス内コミュニケーション 電子付せん プロジェクト管理支援
異なった場所 (分散型)	テレビ会議 チャット(テキスト,ビデオ) テレプレゼンス	電子メール 電子掲示板 SNS

入ります.

　非同期・対面型には,オフィス内での情報共有を支援する様々なシステムがあります.付せんをコンピュータ上で実現する仕組みやプロジェクト管理を支援する仕組みが,このカテゴリに入ります.

　同期・分散型には,遠隔でコミュニケーションをとるための様々なシステムがあります.例えば,テレビ会議システムやチャットシステムがあります.遠隔地のメンバーとその場で会議をしているような臨場感を与えるテレプレゼンスシステムもあります.

　非同期・分散型にも,遠隔でコミュニケーションをとるための様々なシステムがありますが,同期・分散型との違いは,同じ時間にシステムを使わない点にあります.例えば,電子メールは手紙と同じように,送り手と受け手の間に時間差があります.電子掲示板やSNSも電子メールと同様に,メッセージの発信者と受信者の間に時間差があります.

2.7　未来の生活を変えるかもしれない技術や概念

　この節では,インタラクションの対象としてこれから広く普及することが期待できる技術や概念を説明します.

2.7.1　仮想現実感

　仮想現実感（バーチャルリアリティ，virtual reality, VR）とは，コンピュータ
が作り出した仮想世界に入り込んだかのような感覚（没入感）を与える技術です．

　ユーザに没入感を与えるためには，ユーザの目の前にディスプレイを設置する方法
や，ユーザの周りをディスプレイで取り囲む方法があります．前者の代表例は**ヘッ
ドマウントディスプレイ**（head-mounted display, HMD）です．これは一般用途
にも販売されています（図 2.7）．後者の代表例は CAVE[8] です．これは周辺の壁
（通常は 3 面から 6 面）にプロジェクタを使って映像を投影します．いずれもユー
ザが見えている範囲をすべてディスプレイに置き換えて，そこにコンピュータで生
成した画像や映像を提示します．

　ユーザに対して没入感を感じさせるためには，高速演算可能なコンピュータ，そ
して，現実世界の情報を取り込むセンサ，仮想空間をリアルに見せるための様々な
感覚ディスプレイ，高度な仮想空間を表現し制御するソフトウェアが必要となりま
す．ユーザインタフェースに関する総合技術として挑戦的な課題が多い分野です．

図 2.7　仮想現実感を実現するヘッドマウントディスプレイの例（Oculus Rift. 写真は
h8tps://www3.oculus.com/en-us/blog/oculus-rift-is-shipping/より引用）

2.7.2　拡張現実感

　拡張現実感（オーグメンテッドリアリティ，augmented reality, AR）とは，現実世界の様子とそれに関連した情報の両方を同時にユーザに見せる技術です．別名として，**複合現実感** (mixed reality, MR) というキーワードもあります．仮想世界と現実世界の情報を混合して提示することから，このように呼ばれています．

　この要素技術の例として，メガネ型をした身につけて持ち歩くことができるコンピュータがあります．2013 年前後に世界を席巻した Google 社の Google Glass[16] はこの代表だといえます．一般向けの販売は 2 年ほどで終了しましたが，Google Glass のプロジェクトはその後も継続され，企業向けの拡張現実感装置として利用されています（図 2.8）．なお，身につけて持ち歩くことができるコンピュータは，**ウェアラブルコンピュータ** (wearable computer) と呼ばれます．ウェアラブルコンピュータの代表例としてスマートウォッチがあり，現在では一般にも広く普及しています．

図 2.8　拡張現実感の使用例．AGCO 社の従業員がメガネの形状をした透過型ディスプレイ (Glass Enterprise Edition) を使って支援を受けながら組立作業を行っている（写真は https://blog.x.company/a-new-chapter-for-glass-c7875d40bf24 より引用）

2.7.3　実世界指向インタフェース

　実世界指向インタフェース (real-world-oriented interface) とは，実世界にある
モノを使って情報とのインタラクションを行う技術です．この具体的な取り組みと
して，**タンジブルインタフェース** (tangible interface) があります．ここでは，形
のない情報を直接手にとれるようにして実体感を与えることを目指しています．タ
ンジブルインタフェースは，MIT メディア・ラボの石井裕教授の研究グループを
中心として研究開発が進められています．例えば inFORM[12]（図 2.9）は，コン
ピュータのデータとして表現された 3 次元形状を，上下するピンの集合体によって
物理空間に表現するディスプレイです．inFORM ディスプレイは，コンピュータ内
のデータを表示するだけではなく，ピンを押し下げることによってデータを変化さ
せることもできます．すなわち，物理空間での操作を情報空間に反映させることも
できるインタラクティブなディスプレイです．二つの inFORM ディスプレイを組
み合わせれば，一方での物理的な操作を情報に変換して転送し，遠隔地にあるもう
一方で再構成して表示することができます．

図 2.9　**実世界指向インタフェースの例**．inFORM プロジェクト（写真は http://
tangible.media.mit.edu/project/inform/より引用．©2012 Tangible Me-
dia Group/MIT Media Lab）

2.7.4　ブレインマシンインタフェース

ブレインマシンインタフェース (brain-machine interface, BMI) とは，人間の脳とコンピュータとを接続して情報交換を行う技術です．**ブレインコンピュータインタフェース** (brain-computer interface, BCI) と呼ばれることもあります[77]．

BMI では，脳の神経活動に伴う信号を取り出すことによって，コンピュータへの入力を行います．この実現方法は，脳に直接電極を差し込む侵襲型と，磁場や脳波，血流，ホルモン代謝等を身体外から間接的に測定する非侵襲型に分類できます．

理化学研究所 脳科学総合研究センターでは，ニューロフィードバックを利用したリアルタイム式ブレインコンピュータインタフェースの実現へ向けて研究を進めています（図 2.10）．ここでは，電気信号や磁気信号，代謝信号といった様々な脳信号を利用して，コンピュータやスイッチ，車椅子，人工器官などの機器を制御することを目指しています．この仕組みが実現できれば,「念じる」ことでコンピュータ

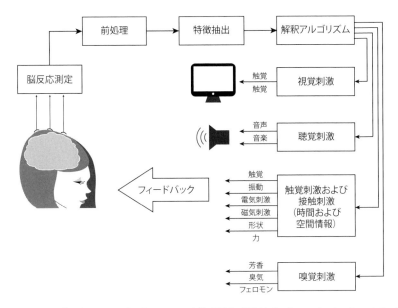

図 2.10　ブレインマシンインタフェースの構成要素（図は http://www.brain.riken.jp/bsi-news/bsinews34/no34/research1.html をもとに作成）

に命令を与えることができ，そして命令がうまく伝わって対象に変化が起きたかどうかを確認できるようになります．

第 2 章　演習問題 ————————————————————————●

1. 身の回りの人工物で，操作器と表示器の関係が一致していないものを見つけて，それらの関係を図示してみよう．

2. Nest Thermostat にはどのような特徴がありますか？ 思いつくことをできるだけ多く挙げてみよう．

3. ACM Digital Library (http://dl.acm.org) にアクセスして，未来の生活を変えるかもしれない技術や概念として挙げたキーワードを検索し，最新の研究動向を確認してみよう．

4. inFORM ディスプレイをコミュニケーションシステムとして捉え，時間・空間による既存技術の分類における各項目で，どのような活用や応用ができるか考えてみよう．

インタラクションのスタイル

前章ではインタラクションの対象について説明しました．本章では，インタラクションの対象がもつ様々なインタラクションのスタイルについて議論します．

3.1 様々なインタラクションのスタイル

図 3.1 にはユーザがスマートフォンを手に持っている様子が描かれています．スマートフォンの画面の表示内容について，二つの可能性が示されています．一つは画像によって対象が表示されています．この画像を選んだ上でその対象に対して行う操作を指定します．もう一つは文字によって命令が表示されています．文字を入力することによって命令を指示します．さらには，open という命令を先に指定した上で，その命令を適用する対象である A を指定します．

これらの二つは，同じような結果が得られるとしても，インタラクションのスタイルとしては明確に異なります．前者は対象を視覚的な要素として表示されているものから選び，その上で，その対象に適用できる命令を選びます．操作対象を先に選ぶのですから，作り手の観点でみると，その対象に適用できない命令などはこの段階では選べないようにするといった，デザイン上の工夫もできます．後者は指定したい命令をまず記憶の中から思い出して文字として正確に入力し，その上で，そのコマンドを提供する対象を正確に入力します．キーボード操作を中心に作業しているユーザにとっては，こちらのほうが素早く入力できる可能性があります．

図 3.1　スマートフォンを持つユーザ

　これらの二つでは，前者のほうが，後者と比べると記憶しておかなければならない対象が少なくてすみます．このように，インタラクションのスタイルの違いによって，コンピュータのユーザの認知的な負担や操作の仕方が大きく異なります．以下では，代表的なスタイルの違いをもたらすような，インタフェースの特徴について議論します．特に，現在のインタフェースの主流であるグラフィカルユーザインタフェースを説明します．

3.2　グラフィカルユーザインタフェース

　図 3.2 は典型的なコンピュータの使用状況を表しています[1]．ユーザはコンピュータの画面に向かい，キーボードとマウスを使っています．

　現在のコンピュータの多くは，コンピュータグラフィックスの技術を使ってディスプレイ画面上に様々な部品を表示し，これをマウスのようなポインティングデバイスによって操作するようにデザインされています．図形などの視覚的要素を画面

---

1)　現在では「古典的な」コンピュータの使用状況と言ってもよいでしょう．一般の人が普段の生活の場で使用しているコンピュータの代表例はスマートフォンです．

図 3.2　典型的なコンピュータの使用状況

に表示して，それを指示装置によって操作するユーザインタフェースを総称して，**グ
ラフィカルユーザインタフェース**（graphical user interface, GUI）と呼びます.

　GUI の代表的な部品には，ウィンドウ (window)，アイコン (icon)，メニュー
(menu) があります. また，代表的な指示装置にはマウスがあり，これは画面上に
表示されたカーソルを動かすために使われます.

　現在のコンピュータを構成するこれらの代表的な要素は，その頭文字をとって
WIMP (windows, icons, menus, and a pointing device) と呼ばれます. この
WIMP がコンピュータの標準として採用されるようになったことで，同じような
操作性をもつコンピュータが販売されるようになりました. その結果，コンピュー
タの専門家でない人たちがコンピュータを生活の中で使えるようになりました.

　以下では，WIMP の構成要素を説明します.

3.3　WIMP の構成要素

　GUI では，コンピュータのグラフィックディスプレイ上に操作可能なグラフィカ
ル部品を表示して，これを指示装置を使って操作します.

　代表的な操作対象には，以下のものが挙げられます.

- ウィンドウ (window)

- アイコン (icon)
- メニュー (menu)
- ボタン (button)
- スライダ (slider)

ウィンドウはグラフィカルディスプレイ上の領域を区切る枠です（図 3.3）．画面内の構成要素を枠を使ってグループ化することができます．

アイコンは，グラフィカルディスプレイ上に表示される小さな絵として表現されています．その絵によって，代表している要素や内容を視覚的にわかりやすく表示しています．また多くの場合，名称が付加されています．アイコンをデザインする場合には，異なる国や文化圏にあわせて，適した表現にすることが重要です．なぜならば，同じ絵でも意味が違ったり，日用品の形が違ったりするためです．

メニューは選択可能な項目や命令のリストです（図 3.4）．メニューを使うことによってユーザは，命令を正確に記憶しておく必要がなく，表示された命令の候補から選ぶことによって命令を発行することができます．命令のグループを階層化によっ

図 3.3　ウィンドウとアイコン

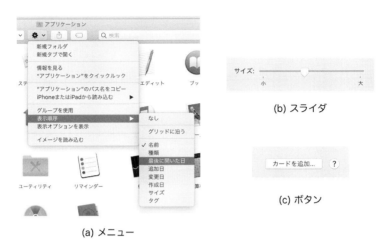

(a) メニュー

(b) スライダ

(c) ボタン

図 3.4　メニュー，ボタン，スライダ

て表現することができます．

　スライダは特定の範囲をもった値をコンピュータに入力する場合に使われます．全体の範囲が直線上で分割されており，全体の範囲内での位置を指定します．

　ボタンは特定の命令を発行するために用意された専用のグラフィカル要素です．私たちがよく見かけるものは OK ボタンやキャンセルボタンです．

　その他にも，様々な GUI 要素がデザインされて使われています．そして同じアプリケーションでも，インタラクションのスタイルが異なるプラットフォームで使う場合には，スタイルに合わせたデザインを行います．例えば，ノート PC 向けとタブレット端末向けのアプリケーションでは，想定されているインタラクションが異なります．前者は主にマウスとキーボードで操作します．後者は主に指で操作します．それぞれに合った GUI 要素を使ってデザインします（図 3.5）．

（演習）　以下の二つのデザインガイドラインを読んで，GUI の構成要素を確認しよう．

1. Apple　Human　Interface　Guidelines：https://developer.apple.com/design/

図 3.5 スタイルに合わせた GUI 要素

2. Windows アプリ UX デザインガイドライン：https://msdn.microsoft.com/ja-jp/mt634411

3.4 GUI に関連するコンセプト

この節では，GUI の発展過程で議論されてきた様々な概念について説明します．

3.4.1 キャラクタユーザインタフェース

コンピュータは本来，専門家のための道具でした．グラフィカルユーザインタフェースが発達する以前は，コンピュータに対する命令を，ユーザはキーボードを使って文字で入力していました（いまでもコンピュータの専門家は同様の入力操作を行います）．

このようなインタフェースは，**キャラクタユーザインタフェース** (character user interface, CUI) や**コマンドラインインタフェース** (command line interface, CLI) と呼ばれます．

CUI の場合には，命令の名前によって意味をもたせます．例えばファイル `file1` を削除する場合には

```
delete file1
```

と指定することが考えられます．ここでは削除を意味する単語名 `delete` に削除の

意味をもたせています.

　実際には Linux のような Unix 系のオペレーティングシステムの削除コマンド
では

　　rm file1

と指定します. 削除命令を頭の中でイメージして rm という名前を想起することは,
一般の人にとっては容易ではありません. このようなコマンド名のデザインが, CUI
の習得を難しくしています.

　一方で, delete という表現よりも rm という表現のほうが優れている点もありま
す. それはコマンドの長さです. delete が 6 文字であるのに対して rm は 2 文字
です. つまり delete よりも rm のほうが, キーボードでの入力作業を少なくできま
す. コマンドを何度も入力する場合には, 入力の効率化はとても重要です.

　このような特徴から, コンピュータのインタフェースとして CUI が主流だった時
代には, コンピュータは専門家のための道具だと考えられていました.

3.4.2　命令の一貫性

　先ほどファイルを削除する例として delete file1 という仮のコマンドを挙げ
ましたが, 日本語を使っている私たちにとっては違和感がありませんか. 私たちが
「ファイルを削除する」と考える場合には, この語の並び順に従って, file1 delete
という順番にするはずです. なぜこの順番ではないのでしょうか.

　実は, コンピュータの命令体系をデザインするという意味では, file1 delete
でも delete file1 でも, どちらでも構いません. ただし, そこには命令の**一貫
性**が必要です.

　命令の表現として「操作が先で対象物が次」という順番を採用するのであれば, ど
のような命令も同じようにデザインしなければなりません. そうでなければ, ユー
ザにとって理解が難しくなります. 例えば, ファイルの削除を delete file1 とし
た場合には, 印刷は print file1, 開封は open file1 というように一貫性を保
つことで, コマンド全体を記憶したり, 思い出したりしやすくできます. 特に英語
系の言語を母語とする人たちにとっては, この順序の表現は自然に感じるのではな
いでしょうか.

　歴史的にみて，コンピュータは欧米で開発が先行しましたので，多くのコマンド体系が「操作が先で対象物が次」という表現で作られてきました.

　WIMP の環境で命令を指定するときには，対象物を先に指定して，次にその操作を指定します. 例えば，ファイルアイコンをクリックして選択し，メニューから「削除」コマンドを指定します. この場合には「対象物が先で操作が次」という順番です. 実際に GUI の多くは，この順番を保つようにデザインされています.

　「対象物を指定して操作を与える」という考え方は，「オブジェクトに対してメッセージを送る」という**オブジェクト指向**の考え方に似ています. オブジェクト指向のコンセプトと現在の GUI との親和性が高いのは，この類似性にも関係しているといえるでしょう. 実際に，1980 年代にはオブジェクト指向の研究が HCI の領域で盛んに行われました.

3.4.3 メタファ

　GUI は CUI と違って，画面上に表示される部品の形状や色で意味をもたせることができます.

　そこで，コンピュータ画面上に表示する操作対象の図的表現を工夫することによって，コンピュータの専門家でない人でもコンピュータの操作を推測して使うことができるような工夫が盛んに行われました. つまり，現実世界の既存の知識を流用して，類推により操作できるようにしたのです. このような喩え（隠喩）のことを**メタファ** (metaphor) と呼びます.

　図 3.6 は典型的な物書き用の机です. 初期のコンピュータでは，この物書き用の机をメタファとしてコンピュータ画面に導入しました. 図 3.7 は 1984 年頃の Mac OS のデスクトップです. 物書きの編集対象としてファイルがあり，ファイルを束ねるものとしてフォルダがあります. そして，机の上（デスクトップ）にはフォルダが置いてあります[2]. フォルダを開けば，そこにはファイルが並んでいるだろう，と推測することができます. フォルダの中にファイルがあることを実生活で経験的に知っているからです.

　以上のように，メタファの概念は，既存の知識をうまく使って新しい対象を使う

---

[2] コンピュータ画面を現在でもデスクトップ画面と呼んでいるのは，この名残りです.

図 3.6 物書き用の机

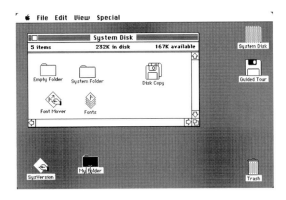

図 3.7 Mac OS のデスクトップ

ことができるようにするという観点で導入されました.

3.4.4 間接操作と直接操作

コンピュータが普及した現在では，その操作として WIMP が広く一般に受け入れられています．しかし，コンピュータがオフィスに導入され始めた初期の頃には，WIMP の操作であってもユーザにとって難しい操作でした．

特に難しかったのは，指示装置を使ったカーソル操作のコンセプトです.

　マウスは通常，机の上にあり，それに手を添えるようにして操作します．ここでの机の表面は，指示装置の**操作面**と呼ばれます．これに対して，操作対象であるカーソルはコンピュータ画面上に表示されます．ここでの画面は**表示面**と呼ばれます．

　つまりマウスによる操作では，操作面と表示面が分離されています．コンピュータ画面上に表示された対象物，つまり手を伸ばせば届くところにある対象物をわざわざ遠隔操作しているような状況になっています．このような考え方を**間接操作** (indirect manipulation) と呼びます．実生活の場では，この状況は不自然に感じるのではないでしょうか．なぜならば，身近にある多くの物を操作するために，私たちは手を伸ばして触ったりつかんだりし，さらにその操作の結果を対象物の形状や位置の変化として確認することができるからです．ここでは操作対象と表示対象が一致しています．

　コンピュータの操作においても，操作対象と表示対象を一致させることで，初心者ユーザがコンピュータを簡単に使えるようになります．さらには，コンピュータの煩わしい操作に意識をとられることなく，ユーザがやりたいことに集中できます．その結果として，ユーザがコンピュータを使って創造的な能力を発揮することが期待できます[62]．このような考え方が**直接操作** (direct manipulation) というキーワードで扱われるようになり，その後の対話的コンピュータグラフィックスや情報可視化の分野の発展につながりました．

3.4.5　ハードコントロールとソフトコントロール

　ユーザが操作する部分を**コントロール** (control) と呼びます．コントロールはハードウェアで実現する場合とソフトウェアで実現する場合があります（図 3.8）．

　ハードウェアで実現する場合には，ボタンやつまみ，グリップのように物理的な形状をもち，**身体性**に基づいて操作します．具体的に対象物の物理的な位置や高さなどが操作によって変化します．例えばボタンは，指で押し下げることによってコンピュータに命令を与えます．キーボードは主として文字入力専用に作られたボタンの集合です．

　一方，ソフトウェアで実現する場合には，グラフィカルユーザインタフェースの構成要素として実現します．

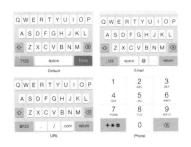

(a) ハードコントロール　　　　　(b) ソフトコントロール

図 3.8　ハードコントロールとソフトコントロール

3.4.6　ソリッドユーザインタフェース

　GUI と対比する形で，**ソリッドユーザインタフェース** (solid user interface, SUI)
というキーワードが使われることがあります．SUI はハードコントロールとして実
現された，ボタンやスイッチなどのユーザインタフェースを意味します．ハードウェ
アで実現されていますので，そこには物理的な部品が存在し，その位置や形状を変
化させる機構を備えています．エレベータのボタンや照明のスイッチなど，工業製
品の多くが SUI から構成されています．

　現在ではコンピュータが安価になり，工業製品に組み入れられるようになりまし
た．グラフィックスディスプレイを備えたリモコンやカーナビなどもあり，GUI が
操作手段として導入されていることがあります．同じ命令の発行を GUI でも SUI
でも実現できるということになれば，これらの製品のデザイナにとっては，GUI を
採用すべきか SUI を採用すべきかで迷うのではないでしょうか．

　GUI と SUI にはそれぞれの特徴がありますので，ここで整理します．

GUI
- 表示内容と命令を容易に変更することができる．
- 新たに表示内容と命令を追加変更することができる．
- 物理的な形状や位置が視認しにくい．
- 物理的に変化していることが理解しにくい．
- 命令の選択肢を必要なときだけ表示することができるので，初心者でもわかり

やすい.

SUI

- いったん成形してしまうと表示内容と命令の変更が困難である.
- 新たに表示内容と命令を追加変更することは困難である.
- 物理的な形状や位置が視認しやすい.
- 物理的に変化していることを理解しやすい.
- 複雑な操作の場合には習熟を要する.

　SUI と比べた GUI の最大の利点は, 表示内容と命令を容易に変更することができる点にあります. 後から機能を増やしたり減らしたりする可能性がある場合には GUI のほうが有利です. 近年のシステムやアプリケーションの開発では, 開発期間が短いために, 明確な仕様が確定する前に開発を始めてしまうことがあります. このような場合には, ユーザインタフェースを後から変更できる GUI は, 事前にハードウェアを成形しなければならない SUI と比べると大きな利点をもちます[3]. また, ユーザに応じてボタンのサイズや色を変更することもできます. これは, 個人へカスタマイズできるという観点で大きな利点となります. 例えば, 小さい文字が判別しにくい人には大きく表示したり, 細かい操作が苦手な人には大きなボタンを表示したりするといったことが可能になります.

　しかし, GUI グラフィックディスプレイ上でボタンを表示するためには, 物理的な形状や位置を示しにくいという欠点があります. この点は SUI のほうが有利です. したがって, 緊急時に迅速に押さなければならない緊急停止ボタンには, 通常は SUI を採用します. また, 手探りで押さなければならないようなボタンには SUI を使います.

3.4.7　アンドゥ機能

　それまでに行った操作を取り消して以前の状態に戻す仕組みを, **アンドゥ機能** (undo) といいます. これは, GUI 操作での重要な機能であり, 現代のシステムに

---

[3] 本来ならば事前に十分に検討と設計を進めた上で, インタフェースを確定してから開発を進めることが望ましいのですが, 厳しいビジネスの現場としては, それが許されないという事情もあります. できれば安易な判断での GUI の採用は避けたほうが望ましいのですが.

は標準的に組み込まれています.

　GUI ではコンピュータへの命令を，命令候補の選択肢から選ぶという簡単な操作で実現します．そのため，意図しない誤った操作で命令を与えてしまう場合があります．ここでアンドゥ機能のような，取消し操作があると，ユーザは安心して操作することができます.

　操作を取り消した後で，もう一度同じ操作を行いたい場合があります．このような取り消した操作を再度実現する仕組みを**リドゥ機能** (redo) といいます.

3.5 GUI の問題点

　GUI を導入することで，コンピュータの操作は SUI に比べて簡単になり，コンピュータの専門家以外のユーザがコンピュータを使えるようになりました．ディスプレイに表示されたグラフィカルな要素をマウスを使ってカーソルを動かしながら選択する操作は，事前に学習しておかなければならない知識を大幅に減らしてくれます．一方で，GUI には次のような問題点があり，解決方法が検討されています.

(1) 熟練者への対応

　GUI 操作に慣れたユーザにとっては，毎回同じような操作をマウスを動かして行わなければならないことを煩わしく感じます．後述するように，マウス操作でカーソルを動かして目標物を選択する操作は，キーボード操作に比べて大きな労力が必要です．したがって，ユーザが作業に慣れたときに，さらに効率的に作業をする仕組みが求められます.

　この問題に対して，多くのコンピュータの GUI では，キーボード操作によるショートカットを導入しています．例えば Windows の多くのアプリケーションでは，キーボード上のコントロールキーと [p] キーを同時に押すことで印刷コマンドを発行できます ([Ctrl] + [p] と表現されます)．これは，マウスを使ってカーソルを動かし，ファイルメニューを押して表示し，続けて印刷項目を選ぶよりも少ない労力で実現できます.

（2） 操作の自動化

　熟練者でなくても，GUI を使って同じ操作を繰り返すときには煩わしさを感じることがあります．例えば，多数の画像ファイルを整理するために，すべてのファイル名を通し番号に変更するような作業をすることがあります．この場合，ファイル名をクリックして変更入力可能にし，適切な数字キーを押す操作を繰り返します．画像ファイルが 10 個程度であれば，一つひとつ手作業で変更するかもしれませんが，これが 100 個程度であれば何か簡単に実現する方法がないかと考えるのではないでしょうか．

　このような要求は，操作手順を指定したり記録したりして，それを繰り返し呼び出して発行する仕組みがあれば実現できます．操作手順を指定したり記録したりして一つにまとめる機能を，**マクロ機能**と呼びます．マクロ機能は現在，表計算ソフトやワープロソフトなどに導入されています．

第 3 章　演習問題 ————————————————————————●

1. GUI のメニュー操作は「ポイント→クリック」で実現されます．私たちがよく見かけるメニューはシーケンシャルメニュー（図 3.9）ですが，「項目 1」の中心をスタート地点として「項目 1A」の中心を選ぶ場合と，「項目 1F」の中心を選ぶ場合では，ポイントに必要なカーソルの移動距離（x および y）が異なります．各アイテムを選択するのに必要な移動距離を等しくするようなメニューをデザインできるでしょうか？　考えてみよう．

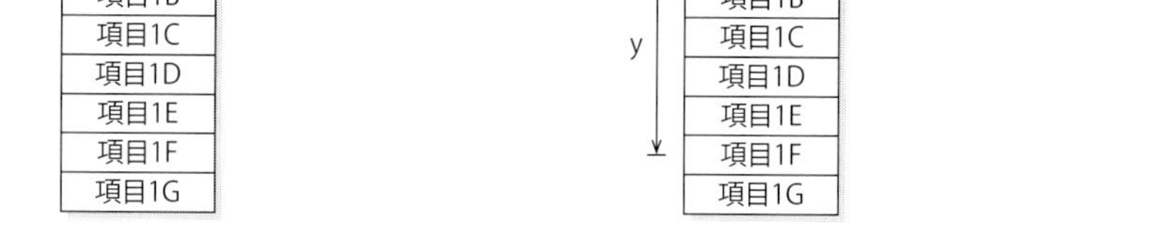

図 3.9　シーケンシャルメニュー

2. エレベータのボタンは通常，SUI で実現され GUI では実現されていません．エ
  レベータのボタンに GUI が採用されていない理由を考えて説明してみよう．

人間のインタフェース特性

本章では,「誰のために作るか」に対する議論として,人間のユーザインタフェース特性を学びます.

4.1 誰のために作るのか

私たちがインタフェースやインタラクションをデザインすると,そのデザイン対象を最終的には人が使います.使う人を**ユーザ** (user) と呼びます.

従来のデザインの現場では,ユーザについて考えることを重視してきました.新しいシステムを開発する場合には,誰のために作るのかを確認するために「ユーザは誰か?」という問いが繰り返し行われてきました.

このメッセージは,現在でも一貫して問われていますが,ユーザに対する理解はデザインの分野でより一層深まってきています.私たちが開発するシステムのユーザは,「ユーザ」というキーワードでまとめて一言で表現できるほど,単純な存在ではありません.ユーザは生物学的な人であり,一人ひとりは様々な文脈におかれた生活者なのです.

まず,ユーザには「人間工学的な特徴」があります.具体的には,人には共通的で平均的な特徴があるものの,そこを中心に,ある程度の多様性があります.

例えば身長を例に考えてみましょう.世の中には身長が高い人もいれば低い人もいます.図 4.1 に 17 歳男性の身長の度数分布データを示します.平均身長は 170.6 cm

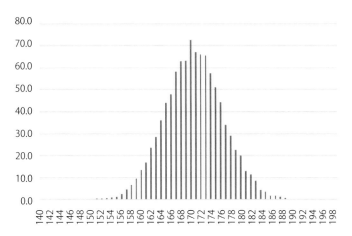

図 4.1　17 歳男性の身長の度数分布

です．ここを中心にこの値から高いほうと低いほうへ離れるほど度数が小さく（その身長に該当する人が少なく）なります．すなわち，平均値を中心に最も高く，中心から離れるに従って，なだらかに分布します．

　椅子をデザインすることを考えてみます．平均値である身長 170.6 cm の人にとっては座面が 41.7 cm の椅子が適切だとされています．したがって，座面が 38.0 cm の椅子は低すぎ，座面が 46.0 cm を超える椅子は高すぎて使えないでしょう．

　私たちがインタフェースやインタラクションをデザインするとき，平均値の人に合わせてデザインすればよいのでしょうか．これは従来からの課題です．作り手は多くの人々に使ってもらいたいと思います．したがって様々な工夫が行われてきました．

　椅子の例では，高さを変えられる椅子が開発されています．椅子という私たちにとって身近であり，コンピュータよりもはるかに古い歴史をもつ人工物に対しても，作り手が様々な工夫を行っています．

　私たちがコンピュータをデザインするときにも，人間がもつ多様性を理解して考慮に入れる必要があります．特にコンピュータは，大きさや形という外形の特徴だけでなく，与えられた命令に対して処理した結果を返すという特徴があります．

　同じインタフェースが，万人にとって同じようには受けとられず，作り手が期待し

たように使われるとは限らないという問題があることも知っておく必要があります．

4.2　人間の多様性

　黒須正明氏は人間の多様性を，特性と志向性，状況や環境で分類しています[36]．
特性には，年齢や性別，障がい，人種・民族，性格，知識，技能があります．志向性
には，文化や宗教，社会的態度，嗜好，価値態度があります．状況や環境には，精
神状態や一時的状態，経済状態，物理的環境，社会的環境があります．

　国際標準 ISO20282-1 では多様性を，心理学的および社会的な特性，身体的およ
び感覚的な特性，人口学的特性という三つの特性で分類しています．

　心理学的および社会的な特性の具体例には，認知能力，知識と経験，文化的な差
異，利活用能力（リテラシ），言語があります．身体的および感覚的な特性の具体例
には，身体特性，身体力学的能力，視覚的能力，聴覚的能力，利き手があります．そ
して，人口学的特性の具体例には，年齢と性別が挙げられています．

　心理学的および社会的な特性と，身体的および感覚的な特性に対して，平均値か
らの大きなずれを**障がい**と呼ぶことがあります．

　ここで，障がいに対する概念の整理をしておきます．ICIDH: WHO 国際障がい
分類 (1980) の障がい構造モデルを図 4.2 に示します．

　このモデルでは，**疾患・変調** (disease or disorder) が原因となることで**機能・形態
障がい** (impairment) が起こります．それらの障がいから**能力障がい** (disability)
が生じ，それが**社会的不利** (handicap) を引き起こす，という関係が挙げられてい
ます．

　このモデルでは，目が見えないという状態は，機能や形態の障がいに相当します．
目が見えないことによって，紙に印刷された文字が読めない，という能力障がいが

図 4.2　ICIDH: WHO 国際障害分類 (1980) の障がい構造モデル

生じます．紙に印刷された文字が読めなければ，本が読めないことになり，情報が得られないことになります．すなわち社会的不利が生じます．

　目が見えないという機能や形態の障がいの解決は簡単ではないかもしれません．しかし，紙に印刷された文字が読めないという能力障がいは，点字を使えば読めるようになります．そして社会的不利についても，点字の本を出版することで解決できます．

　このように，WHO 国際障がい分類 (1980) の障がい構造モデルでは，疾患や変調，能力障がい，社会的不利という三つの特徴を整理して，そこに階層関係があることを明示しています．そして，各階層が独立していることから，疾患や変調が解決できなくても，能力障がいと社会的不利は解決でき，社会参加が可能であることが上記の例からわかるでしょう．

　WHO 国際障がい分類 (1980) の障がい構造モデルは，障がいというマイナス面に注目しています．しかし，障がいをもった人であっても，本人がもつ潜在的なプラスの機能を強化したり伸ばしたりすることができます．それによって障がいの程度を変えることができます．一方で，障がいがないとみなされる人であっても，状況によっては能力に障がいが生じます．例えば，歩きながらスマートフォンを操作する場合には，正面に注意を払いながらスマートフォンの画面を見ることになるため，スムーズな歩行が困難になるか，あるいは，正確な画面操作ができなくなります．つまり歩行能力や視認能力の低下を引き起こしています．このように考えると，障がいは客観視できる単純な特徴ではなく，個人や環境という要因に依存する相対的な特徴であるといえます．

　WHO 国際障がい分類 (1980) の障がい構造モデルについては，その後に議論が進み改定が行われました．ICF: WHO 国際生活機能分類 (2001) の生活機能構造モデルを図 4.3 に示します．

　WHO 国際生活機能分類 (2001) の生活機能構造モデルでは，障がいにかかわる様々な構成要素間の相互のかかわりを示す関係図として整理しています．具体的には，人々のおかれた生活の状況と環境とのかかわりから，その健康状態を分類しています．図 4.3 では，ある特定の領域における個人の機能は，健康状態と状況要因（環境と個人の要因）との間の相互作用であること，そして，各要素間は複雑な関係をもっていることを示しています．

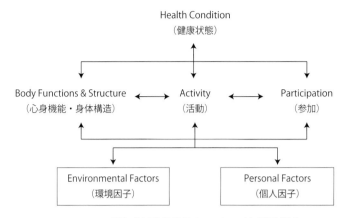

図 4.3 ICF: WHO 国際生活機能分類 (2001) の生活機能構造モデル

4.3 デザイン上の決断や方針

ここまで，人が多様性をもつことを説明してきました．多様性はシステムの開発者にとっては大きな課題となります．具体的には，次のようなことです．

> 限られた予算や開発期間でインタフェースを開発しなければならないとき，
> ユーザの多様性を前提とすると対処すべきことが多すぎて完成しないので
> はないか．

この課題に対処するためには，戦略的にデザイン上の決断や方針を下さなければなりません．このために考慮すべき考え方があります．**ユニバーサルデザインとバリアフリー**です．

ユニバーサルデザインでは，多様なユーザに対して，それぞれの特性や利用状況に適合した形で人工物を設計し，それぞれのユーザが確実に目標を達成できるようにします．すなわち，万人向けのデザインを目指すという考え方です．

バリアフリーでは，既存の人工物に，一部の人々にとって利用困難な点が発見されたときに，それを除去する形で修正デザインを施します．

多様なユーザを認めて考慮したデザインをするという観点では，ユニバーサルデザインが理想です．しかし現実的には，開発に関する予算と期間が限られた現在の

デザインの現場では，以下のような戦略をとることが多いといえるでしょう．

1. 対象となるユーザグループを明確に見極めて，そのグループ向けのデザインを行う．
2. デザイン時には，人間科学や人間工学に関する様々な知識（研究結果）を活用する．

車椅子で階段の先へ行きたい

　私たちの周りには，階段しか設置してない段差が多数あります．車椅子の利用者にとっては，階段を上ったり下ったりして，その先へ行くことはとても困難です．つまり階段は，車椅子の利用者にとってはバリアとなっています．

　バリアフリーの考え方では，このようなときに，スロープやエスカレータ，エレベータを後づけで設置します．この措置によって車椅子の利用者にとってのバリアがなくなります．またその結果として，杖をついた高齢者や，大きくて重いカバンを持った旅行者も恩恵を受けることができます．

　近年，建設が行われる公共施設では，このような多様な人々が利用することを設計の段階で検討項目に入れています．計画の早い段階で多様な人々や，多様性をもった人々を代表する組織や団体からの意見を取り入れたり，事前に評価をしてもらったりしながら設計を進めます．このような進め方をするのがユニバーサルデザインの考え方です．ユニバーサルデザインでは，階段問題は設計段階で解決済みだといえます．

　さて，階段問題はなくなりました．デザイナとしては，これでいいでしょうか．

　インタラクションのデザインや開発を行う皆さんには，ぜひともさらに先を考えてほしいと思います．つまり，車椅子の利用者はなぜ階段を越えたかったのか，という点です．階段を越えたかった理由を聞き取ることで本来の目的がわかります．階段を越えることは通常は手段でしかありません．

　例えば，車椅子の利用者は，階段を越えた先にある店舗へ行き，何かを購入したいのかもしれません．そのとき，実際に店舗で店員と会話を交わしたり，店舗の中を見て回ったりという，ショッピングの経験をしたいのかもしれません．その場合には，

階段を越えることが手段としてとても重要な意味をもちます.

　一方で,何かを購入して手に入れるということだけが目的であれば,階段を越える手段を用意することが唯一のデザイン解だとはいえません.ネット通販サービスを用意して使ってもらう,という方法もあります.階段を越えて店舗まで行かなくても,商品が配達されてくればよいのです.

　このように,ユーザから話を聞くことによって,手段か目的かを明らかにすることができます.「なぜそれをしたいのか」と問うことは,デザインの着想を得るためにとても有益です.

4.4　人間–機械モデル

　人間工学における伝統的な**人間–機械モデル**を図 4.4 に示します.

　このモデルでは,人間は情報処理装置としての脳をもちます.そして,外部からの入力を受けとる機能として**受容器**を,脳での情報処理の結果を出力する機能として**効果器**を備えています.コンピュータは**状態機械**として表現されています.そして,外部からの入力を受けとる機能として操作器を,状態機械での情報処理の結果を出力する機能として表示器を備えています.

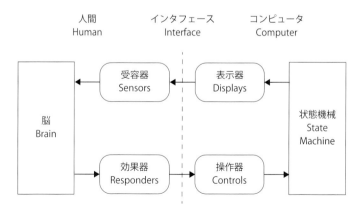

図 4.4　人間工学における伝統的人間–機械モデル

　ここでのインタフェースとは，コンピュータの表示器と人間の受容器との境界面，そして，人間の効果器とコンピュータの操作器との境界面をいいます[1]．

　ここでは，コンピュータと人間との出力と入力とが組み合わさって，全体として処理が進んでいくようにモデル化されています．以下のような処理を繰り返します．

1. コンピュータにある状態機械からの情報処理の出力は，表示器を通してユーザに提示される（例：グラフィックディスプレイに表示されたボタンの色が変わる）．
2. ユーザはそれを受容器を通して知覚する（例：目で見て色が変わったことに気づく）．
3. ユーザの脳では知覚した結果をもとに情報処理が行われる（例：ボタンの色が変わったことを認識したので，そのボタンを押すと判断する）．
4. ユーザは効果器を通して操作を行う（例：手を動かしてマウスの位置を変える）．
5. コンピュータは操作器を通して操作を検知する（例：マウスの位置の変化を検知する）．
6. コンピュータの状態機械では検知した結果をもとに情報処理が行われる（例：マウスの位置の変化に対応して画面上のカーソルの位置を再計算する）．
7. （1. に戻って）コンピュータにある状態機械からの情報処理の出力は，表示器を通してユーザに提示される（例：グラフィックディスプレイに新しいカーソル位置を表示する）．

　このモデルに基づき，人間のインタフェース特性を議論します．以下では特に，外界の信号を知覚する機能である人間の受容器の特徴をみていきましょう．

4.5　受容器

　人間は身の回りの環境情報を，一般には**五感**で感じ取ると考えられています．五感とは以下の五つです．

---

[1]　ここでのインタフェースは，本書で扱っているインタフェースの定義とは異なっていることに注意してください．

- 視覚：vision (sight)
- 聴覚：hearing (audition)
- 触覚：touch (tactition)
- 嗅覚：smell
- 味覚：taste

このような感覚の違いを，感覚の**種** (modality) と呼びます．そして，同じ感覚の種の中で区別できる違いを感覚の**質** (quality) と呼びます．例えば，味覚という種には，酸・塩・甘・苦という質があります．

　一般によく知られている感覚の種は五つですが，樋渡 (1987)[26] では九つを挙げています．そしてこれらを，特殊感覚，体性感覚，内臓感覚という三つに分類しています（表 4.1）．特殊感覚として分類されている種には，身体の特定の場所に固有の感覚器があります．

　この表で注目してほしい点は受容器の数の違いです．視覚をつかさどる受容器の細胞数が他の細胞数に比べると圧倒的に多く，視覚の感度の高さがわかります．また，外界からの情報獲得は視覚に大きく依存していることも理解できるでしょう[2]．

表 4.1　感覚の種類とその受容器（樋渡 (1987)[26] より引用）

	種 modality	質 quality	受容器（受容細胞） receptor （数）
特殊感覚	視覚 聴覚 嗅覚 味覚 平衡感覚	明暗・色・形・運動・奥行 大きさ・高さ・音色・方向 各種 酸・塩・甘・苦	網膜（視細胞）　10^8 蝸牛（有毛細胞）　3×10^4 嗅粘膜（嗅細胞）　10^7 味蕾（味細胞）10^7 半規管（有毛細胞）
体性感覚	皮膚感覚 深部感覚	触・圧・温・冷・痛 運動・挙重	皮膚（各種）　触・圧 5×10^5，温・冷 10^5 筋・腱・関節の受容細胞
内臓感覚	臓器感覚 内臓感覚	飢・渇・吐・便・尿・性	組織内の受容細胞 同上

---

2) このような分類表からデザインの着想を得ることができます．私たちの身の回りにあるインタフェースの多くは，視覚と聴覚を受容器とした表示器としてデザインされています．視覚に対してはグラフィックディスプレイがあり，聴覚に対してはスピーカーがあります．一方で表 4.1 には，それ以外の様々な受容器が挙げられています．私たちが活用できていない受容器に対する表示器が考えられないでしょうか．

4.5.1　視覚と聴覚

　感覚の種のうち，現在のインタラクション技術において特に重要な役割を示している視覚と聴覚について，その特性を少し詳しく見ましょう．

（1）　視覚

　私たちは，目に入ってくる光を捉えて脳に送ることによって，外界を見ています．光 (light) とは私たちの周辺に存在する電磁波のうち，波長が 380 nm から 780 nm の限られた狭い範囲のものをいいます．**可視光**ともいわれています．この範囲の波長の電磁波は視感覚を刺激します．

　視覚で捉えることができる刺激の範囲を図 4.5 に示します．刺激の強さでは 120 dB（デシベル）以上という広い範囲を捉えることができます．また，周辺が明るい場合と薄暗い場合とでは，視覚の特性が異なります．これは視細胞に，比較的明るいところに反応する錐体と，比較的暗いところに反応する桿体とがあるからです．前者による視覚は**明所視**，後者による視覚は**暗所視**と呼ばれています．

（2）　聴覚

　私たちの周りには，常に様々な音があります．**音**または**音響**とは，音波（弾性波）

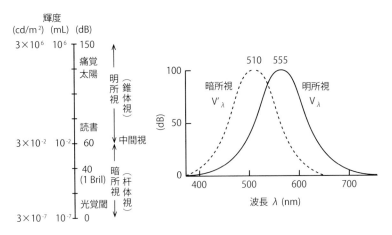

図 4.5　視覚で捉えることができる刺激の強さと波長（樋渡 (1987)[26] より引用）

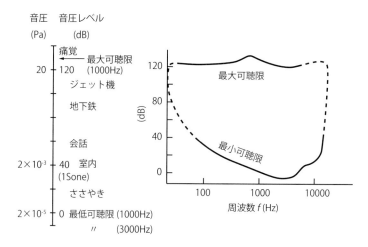

図 4.6 聴覚で捉えることができる刺激の強さと周波数（樋渡 (1987)[26] より引用）

またはそれによって起こされる聴覚的感覚のことをいいます．ただし，すべての音波（弾性波）が聴覚的感覚をひき起こすとは限りません．このような聴覚的感覚をひき起こさないものに**超音波**があります．

　聴覚で捉えることができる刺激の範囲を図 4.6 に示します．聴覚の場合も視覚と同様に，刺激の強さでは 120 dB 以上という広い範囲を捉えることができます．可聴周波数の範囲は，ほぼ 20 Hz から 20000 Hz です．ただし，これらの範囲は個人によって大きな差があります．

4.6　受容器の特性のデザインへの活用

　受容器の特性をデザインに活用することを考えます．

　例えば，前述のとおり可視光には波長の範囲があります．これは，私たち人間にとって見える光と見えない光があるということを意味します．この違いをデザインに利用することができます．見えない電磁波で，一つの装置から別の装置に信号を送ることもできるでしょう．この場合には，装置の周辺にいるユーザには視覚的には気づかれません．あるいは，ユーザが見ている画像に，見えない電磁波でマーカ

を重ねて表示することができるでしょう．この場合には，ユーザが見ている画像を視覚的にマーカが妨害することはありません．

　また，これも前述のとおり，可聴領域には範囲があります．これは，私たち人間にとって聞こえる音と聞こえない音があるということを意味します．光の場合と同じように，この違いをデザインに利用することができます．具体的には，聴覚感度の低い音や聞こえない音の解像度を落としたり，省略したりすることができるでしょう．このことによって，聞こえる音の品質を同程度に保ったまま，全体のデータ量を減らすことができます．このような工夫をすることによって，ポータブルデジタルオーディオプレーヤ用のファイルサイズは，音楽 CD のファイルサイズの 10 分の 1 程度に抑えられています．

　次のような状況を考えてください．目を閉じた状態で次の二つの状況を比べます．

状況 1：30 グラム分のおもりを手に持っています．ここに 10 グラム分のおもりを加えます．

状況 2：300 グラム分のおもりを手に持っています．ここに 10 グラム分のおもりを加えます．

　これらの二つの状況で，どちらも同じように，追加分のおもりが 10 グラムだと気づくでしょうか．

　実は多くの人が，この状況では同じ 10 グラム分が増えたとは感じません．もともと持っていたおもりの量によって，加えた 10 グラム分の感じ方が異なるのです．つまり，刺激の物理的変数の値と人間が感じる心理的変数の値とは異なるのです．

　これを先ほどの図 4.4 に基づいて説明すると，図 4.7 のとおりになります．コンピュータの表示器で提示したものは「刺激の物理的変数の値」です．そして，人間の受容器で受け取るものは「人間が感じる心理的変数の値」です．これらの二つは，特に人間側の特性によって，同じように受け取られるわけではありません．この特徴は，Weber の法則と Weber–Fechner の法則によって定式化されています[3]．

3）日本語では，ウェーバーの法則とウェーバー・フェヒナーの法則と読まれていることが多いようです．

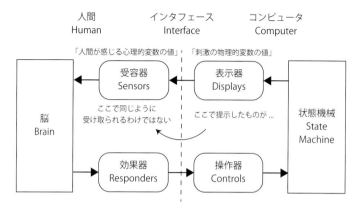

図 4.7 人間工学における伝統的な人間–機械モデル（物理的変数と心理的変数）

4.6.1 Weber の法則

Weber の法則 (Weber's law) は，「ある刺激量に対し，さらに刺激が増えた場合，もとの刺激量と増分の比はほぼ一定である」ということを示しています．これは次式のように定式化できます．

$$\frac{\Delta S}{S} = C$$

ここで，S は刺激量，ΔS は刺激量の増分，C は定数を表します．つまり，刺激を増やしていってその刺激が増えたと感じる境界は，もとの刺激量に依存するということを示しています．このような特徴は図 4.8 のグラフのようになります．

前述したおもりの例は Weber の法則で説明できます．すなわち，おもりを手で持ってみて，もとの重さが違えば，同じ重さを増やしても同じように重くなったようには感じないということです．

心理的な物理量に関する法則ですので，重さの感覚以外でも生じます．例えば，2000 円の商品で 500 円割引してもらった場合と，20000 円の商品で 500 円割引してもらった場合では，どちらも同じ金額だけ引いてもらっているにもかかわらず，同じようなお得感を感じないのではないでしょうか．

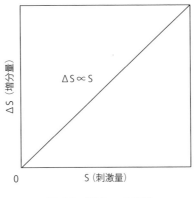

図 4.8　Weber の法則

4.6.2　Weber–Fechner の法則

Weber–Fechner の法則 (Weber–Fechner's law) は「刺激がどの程度増えたかという感じ方（感覚量）は刺激量の対数に比例する」ということを示しています．これは次式のように定式化できます．

$$R = k \log S$$

ここで，R は感覚量，S は刺激量，k は定数を表します．つまり，もとの刺激量が小さいときの刺激量の変化には気づきやすいが，同じ変化量でも，もとの刺激量が大きいときには気づきにくいということを示しています．図 4.9 のグラフのようになります．

例えば，照明の明るさが 2 倍になっても 2 倍明るくなったようには感じないということは，Weber–Fechner の法則で説明できます．

なお，Weber の法則と Weber–Fechner の法則は，ある限られた刺激量の範囲でのみ成り立つということに注意が必要です．刺激量が過度に大きかったり，小さかったりする場合には，これらの法則は成り立ちません．

ところで，人間の感覚は，なぜこのような特性をもつのでしょうか．現時点では，この疑問は完全には解明されていませんが，刺激のすべての範囲を入力して処理しようとすると脳に膨大な作業負担がかかるので，外界の刺激の変動に対して抑え気

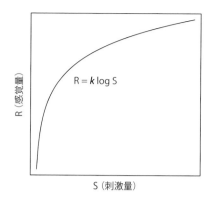

図 4.9 Weber–Fechner の法則

味に反応して，安定した態勢を保つようにしているのではないか，と考えられています．

第 4 章 演習問題

1. 樋渡 (1987)[26] の表 4.1 をもとに，あまり一般的には使われていない感覚を受容器とする表示器を考えてみよう．
2. Weber の法則と Weber–Fechner の法則を使ったインタフェースを考えてみよう．

人間の認知特性

本章では，人間の情報処理過程のモデルについて議論します．

5.1 人間の情報処理過程のモデル

ユーザインタフェースをデザインする場合には，人間が外界から取り入れた情報をどのように処理して行動に結びつけているかを理解しておく必要があります．これが理解できれば，ユーザインタフェースについて，以下のようなことができます．

- 問題が把握できる．
- 体系的な分析ができる．
- 評価ができる．
- 人間の行動が予測できる．

ところが現時点では，人間の情報処理に関しては完全には解明されていません．そこで人間の情報処理に関する近似的なモデルを作ることで，上記について扱ってきました．

以下では，初期の HCI の分野に影響を与えた代表的な三つのモデルについて説明します．

1. **モデルヒューマンプロセッサ**：人間行動をコンピュータの情報処理になぞら

えるという考え方に基づくモデルで，ヒューマンファクターの研究者である
Card らによって提唱された.

2. **行為の 7 段階モデル**：人間行動を設定目標の達成活動とみなし，その過程を 7
段階で表現した循環型モデルで，認知科学や認知工学（特に日用品を対象とす
る）の専門家である Norman によって提唱された.

3. **3 階層モデル**：外界からの感覚入力が人間の行動を駆動するという階層型モデ
ルで，認知工学（特に大規模プラントやヒューマンエラーを対象とする）の専
門家である Rasmussen によって提唱された.

5.1.1 モデルヒューマンプロセッサ

モデルヒューマンプロセッサでは，人間行動をコンピュータの情報処理になぞら
えて扱います．コンピュータの情報処理能力は，中央処理装置 (CPU) と記憶装置
の性能によって決まります．具体的には，CPU による情報処理の速さと記憶容量
の大きさです．したがって，人間の情報処理能力についても，これらの二つがある
ものと考えて扱います.

図 5.1 にその基本構成要素を示します．ここで，入力器から運動器への情報の「処
理フロー」をモデル化します．各プロセッサの処理時間と記憶容量は，過去の研究
成果に基づいて割り当てられています.

まず，情報の処理機能について考えます.

具体的には以下のとおりです.

> 知覚プロセッサ：100 (50〜200) ms
> 認知プロセッサ：70 (25〜170) ms
> 運動プロセッサ：70 (30〜100) ms

モデルヒューマンプロセッサに基づくと，人間の行動にかかる時間を見積もるこ
とができます.

一つの例として，ランプが光ったときに，すぐにボタンを押す作業にかかる処理
時間を考えてみましょう．この場合には，ランプが光ったことを入力器である目で
確認します．つまり知覚プロセッサによってまず処理されます．その処理結果は視
覚イメージとして，作業記憶の中の視覚イメージ貯蔵庫へ送られます．続けて認知

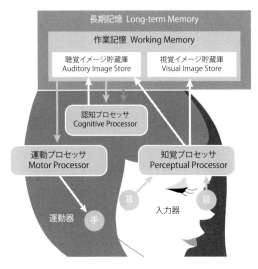

図 5.1   モデルヒューマンプロセッサ

プロセッサが処理を行います．ランプが光ったことを確認して，ボタンを押す，と判断します．すると運動プロセッサが運動器である手に対する処理を行い，実際にボタンが押されます．

　以上から，情報処理時間を積算すると以下のとおりです．

> 知覚プロセッサの処理時間 + 認知プロセッサの処理時間 + 運動プロセッ
> サの処理時間
> $= 100 + 70 + 70 = 240$

すなわち，約 240 ms の処理時間が必要だと見積もることができます．

　次に記憶の機能を考えます．記憶の機能は，**長期記憶**と**作業記憶**から構成されていると考えます．長期記憶の特徴は，記憶する試みを繰り返して定着させることができる点にあります．記憶容量は無限大であり，保持時間も無限大です．

　作業記憶の特徴は，サイズの小さな情報を短時間だけ保持する点にあります．情報を意味としてまとまった一つのかたまりとして考えたときに，これをチャンクという単位で扱うことにします．

　近年の研究では，記憶容量は 4 ± 1 チャンクだと言われています[7]．もともとは 7 ± 2 だと考えられていました[42] が，その後の研究で更新されつつあります．保持時間は，1 チャンクの場合 73 (73〜226) s であり，3 チャンクだと 7 (5〜34) s と短くなってしまいます．

例　いま 31103084 という数字列を考えたときに，独立した各数字（サン，イチ，イチ，ゼロ，サン，ゼロ，ハチ，ヨン）の組合せとしてみると 8 チャンクとなります．しかし，これを「サイトーさん (31103)」＋「オハヨー (084)」と読み替えた場合には，2 チャンクになります．後者のほうが記憶しやすいことは，経験的にも実感できるのではないでしょうか．

　人間の情報処理の速さと，保持できる情報の量を見積もることができれば，これをユーザインタフェースのデザインに応用することができます．例えば情報処理の速さの上限（処理時間の下限）を考えてみましょう．
　ランプが光ったときに，すぐにボタンを押す作業にかかる処理時間の例を再検討します．情報処理時間を下限値で積算すると以下のとおりです．

　　知覚プロセッサの処理時間 ＋ 認知プロセッサの処理時間 ＋ 運動プロセッ
　　サの処理時間
　　$= 50 + 25 + 30 = 105$

すなわち，反応が速い人でも約 105 ms の処理時間は必要だということになります．つまり，ボタンを実現しているシステム側の検出処理では，ランプの点灯後 105 ms 以内に検出されたボタン信号は，ノイズである可能性が高いと判断してもよいでしょう．また，ボタン信号の検出処理をランプの点灯後 105 ms 以内に設定していた場合には，まずユーザのボタン押下は検出できません．設計ミスと判断してよいでしょう．
　記憶に関しても同様にデザインに応用できることがあります．例えば，コンピュータで処理した結果を画面に表示してユーザに確認してもらい，それを別の場所に入力してもらうことがあります．このような状況で，表示した結果が 5 チャンクを超える数値や記号であれば，作業記憶に長時間蓄えておくことは困難です．つまり，

表示を見ながら転記できるようにデザインしなければなりません．例えば，表示結果を 5 秒間表示して自動的に消去するといったデザインを行うと，ユーザは転記することが困難になり，大きな不満をかかえることになります．

5.1.2　行為の 7 段階モデル

Norman による**行為の 7 段階モデル**とは，人間行動を設定目標の達成活動とみなし，その過程を 7 段階で表現した循環型モデルです．このモデルを図 5.2 に示します．

Norman は，ユーザがコンピュータを使って作業するためには認知的な負荷があり，その負荷を軽減するようにデザインしなければならないことを主張しています．ここでは次のように 7 段階で説明しています．

1. ユーザは行動の目標を設定する．
2. 目標を達成するために具体的に何をするかをを決める．すなわち意図を決める．
3. 意図を実現するような具体的な行動の手順を決める．

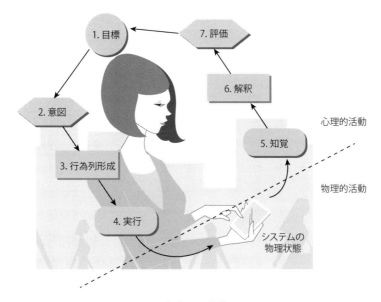

図 5.2　行為の 7 段階モデル

4. 行動の手順を実行する．これによって，物理世界（システム）に影響を与える．

5. システムの状態を知る．すなわち知覚する．

6. 知覚結果に基づき，その状態を解釈する．

7. 解釈結果に基づく実際の状態と，期待していた状態を比較して評価する．

　評価した結果が十分であれば目標達成ですが，そうでないと判断した場合には，目標を再設定して次の作業のループに入ります．すなわち循環型のモデルです．

　ユーザの意図を示す目標の世界と，それを実現する物理世界の間には大きな隔たりがあり，それを乗り越えるのが実行の橋と評価の橋です．この7段階のモデルでは，実行の橋を形成しているのは，意図の形成，行動手順の決定，行動の実行の3段階であり，評価の橋を形成しているのは，状態の知覚，知覚結果の解釈，評価の3段階です．それぞれが，実行の隔たりと評価の隔たりを橋渡ししています．

　このように分けて捉えると，この考え方をユーザインタフェースのデザインへ応用することができます．ユーザにとってコンピュータが難しい場合に，何をすればよいのかわからないのであれば，実行の橋を適切に促すように（ユーザが達成したい目標をうまく実行できるように）デザインすべきですし，行った結果どうなったのかがわからないのであれば，評価の橋を適切に促すように（ユーザが実行した結果をうまく解釈できるように）デザインすべきです．

5.1.3　3階層モデル

　Rasmussenによる**3階層モデル**では，外界からの感覚入力が人間の行動を駆動することを示しています（図5.3）．行動は，**技能** (skill)，**規則** (rule)，**知識** (knowledge) という三つを基準としており，これらが階層関係をもっています[1]．

1. **技能ベースの行動**：感覚入力から特徴抽出をして，そこにサインを読み取れば，すぐに自動化された感覚運動パターンが生成され，実行に移される．何度も繰り返すと，シグナルによって反射的に動作が起きるようになる．

2. **規則ベースの行動**：過去の経験を探索して再認し，その状態でどのようなタスクを遂行すればよいかという規則の連合を呼び起こし，それを運動パターンに

---

[1]　Rasmussen による3階層モデルは，skill, rule, knowledge の頭文字をとって **SRK モデル**と呼ばれることもあります．

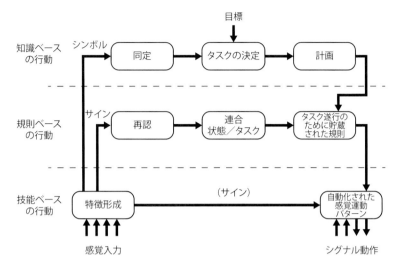

図 5.3　3 階層モデル

結びつけて実行する.

3. **知識ベースの行動**：過去に経験していない事象などに遭遇したら，どうすれば
よいかという目標を設定し，それに基づいてタスクを決め，遂行するための計
画を立てる．これを下位の規則に基づいて実行する．特に新規の事象に対応す
るときに多く現れる.

　技能ベースの行動では，行動が自動化されています．すなわち意識的に考えずに
行動します．例えば，自転車に乗り慣れている人は，倒れずに進むことを意識せず
に行っているはずです.

　規則ベースの行動では，過去の経験や学習に基づいて蓄積されている規則を適用
して行動します．すなわち「ちょっと考えて」行動します．例えば，自転車に乗っ
ているとき，進行方向の先に滑りやすそうな下り坂が現れたら，どのように対処す
べきかを考えるはずです．過去に同様の道を進んだ経験があれば，自転車を減速し
たり，降りて歩いたりするかもしれません．減速する場合でも，後輪のブレーキを
ゆっくり掛けるといったことをするでしょう．子どもであれば，親から「危ない坂
道では自転車を降りなさい」と教えられていて，それに従うかもしれません．いず

れも，蓄積されている規則を適用した行動です．

知識ベースの行動は新規の状況において生じます．何をすべきかを考えて計画することから始めます．すなわち「じっくり考えて」行動します．例えば，これから一輪車に乗り始めようとする場合には，どうすれば乗ることができるかを考えて，小さな目標に分割し，それを実現するタスクを決めて実行します．サドルに座る，両足を地面から離す，といったことを目標として設定するかもしれません．

行動に要する時間は次のような関係をもちます．

$$技能ベースの行動 < 規則ベースの行動 < 知識ベースの行動$$

つまり技能ベースの行動が最も速く，次に規則ベースの行動，知識ベースの行動の順番で時間がかかります．

また，このモデルでは，訓練の重要性も示しています．知識ベースの行動は，新規の状況によって生じますので，様々な状況を想定して訓練を行っていれば，規則ベースの行動でカバーできることになります．また，規則ベースの行動を繰り返して訓練することによって，意識して考えずに行動できるような技能ベースの行動へと移すことができます．自動化されれば，結果的に速く行うことができるようになります．

さらにこのモデルは，**ヒューマンエラー** (human error) に対する理解にも使われています．人間の行動は常に一定ではありませんので，同じ行動を行う場合でも少しずつ異なります．これが技能ベースの行動におけるエラーの原因になります．規則ベースの行動におけるエラーには，規則を適用する状況の分類に失敗する，そして，間違った規則を適用する，規則を正しく思い出せないといった原因があります．また，知識ベースの行動におけるエラーには，不完全な知識や誤った知識，外部の制約による影響などがあります．

5.2 処理時間に焦点をあてたモデル

前節では，人間の情報処理過程に関するモデルを説明しました．HCI に関する代表的なモデルは，他にも様々なものが提案されて，利用されています．

ここでは情報の**処理時間**に焦点をあてたモデルを説明します．コンピュータの入

力と出力に関する膨大な数の研究成果は，処理時間の観点で評価されています．時間という変数に統一すれば，形状や表現の異なる様々な入力手法の特性を直接的に比較することができます．すなわち，どちらが速く作業できるか，という視点で比べることができます．同じ作業をするのであれば，速くできたほうがよいという考え方は，一つの基準として理解されやすいからです[2]．

Hick–Hyman の法則：選択肢が増えると意思決定に時間がかかるようになる．その増え方は対数的である．

Fitts の法則：ターゲット（目標）にカーソルを移動するのにかかる時間はターゲットの大きさとターゲットまでの距離の関数で表される．

キーストロークモデル：システムの操作にかかる時間は，キーボードの打鍵と同水準の各単位操作に要する時間の和として表される．

5.2.1　Hick–Hyman の法則

Hick–Hyman の法則とは，選択肢の数と意思決定にかかる時間との関係を示したモデルです．

$$T = b \log_2(n + 1)$$

ここで，T は意思決定にかかる時間，b は環境に依存する定数，n は選択肢の数を表します．n については，選択される確率がどれも同じだと仮定しています．

図 5.4 に T と n との関係を図示します．横軸に n を，縦軸に T をとって表現したグラフです．

選択肢が増えると意思決定に時間がかかるようになること，そして，その増え方は対数的であることを示しています．

Hick–Hyman の法則を示したグラフをみると，選択肢の数が少ないときに選択肢を一つ加える場合のほうが，選択肢の数が多いときに選択肢を一つ加える場合よりも，時間の増分が大きいことがわかります．これはつまり，選択肢の数が少ない場

---

2) 実際には，作業の速さとエラー（誤り）の程度が，トレードオフの関係になりますので，作業の速さだけを単純に議論することはありません．また，速くて正確にできる作業でも，ユーザがその作業に対して良く思っているかどうかはわかりません．後述するユーザビリティの評価では，このようなユーザの主観に関する評価値も組み入れて，より多面的に扱います．

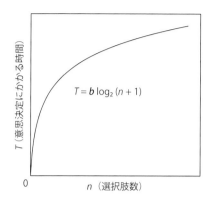

図 5.4 Hick–Hyman の法則

合のほうが，もともと選択肢が多い場合よりも，追加修正の影響が選択時間の増加分として大きく現れることを示します．逆に削減修正の場合には，選択肢の数が少ない場合のほうが，もともと選択肢が多い場合よりも，削減修正の効果が選択時間の削減分として大きく現れることを示します．

5.2.2 Fitts の法則

Fitts の法則 (Fitts' law) とは，目標物の上までカーソルを動かすのにかかる時間を，目標物までの距離と目標物の大きさとの関係として表現したモデルです（図5.5）．

$$T = a + b\log_2\left(\frac{D}{W} + 1\right)$$

ここで，T はカーソルの移動時間，a と b は，その環境に依存する定数，D はカーソルの初期位置から目標物までの距離，W は目標物の幅を示します．

図 5.5 Fitts の法則の説明図

つまり，目標物にカーソルを移動するのにかかる時間は，目標物までの距離と目標物の大きさとの比の関数で表されます．そしてこの比に対して，かかる時間は対数的に変化することを示しています．

Fitts の法則の式のうち，

$$\log_2 \left(\frac{D}{W} + 1 \right)$$

を ID で表現し，**難度** (index of difficulty, ID) と呼ぶことがあります．

Fitts の法則は目標物までの距離 D と目標物の大きさ W との比の関数として，かかる時間 T が表されていますので，どちらかの値を固定して考えると理解しやすくなります．もし目標物の大きさ W が一定であれば，目標物までの距離 D によって，かかる時間 T が変わります．Fitts の法則は対数的に右肩上がりに増加する関数ですので，目標物までの距離が大きくなれば，より時間がかかることになります．一方，もし目標物までの距離 D が一定であれば，目標物の大きさ W によって，かかる時間 T が変わります．目標物の大きさ W は分母にありますので，W が大きくなると $\frac{D}{W}$ の値は小さくなります．結果として，かかる時間 T は短くなります．

5.2.3 キーストロークレベルモデル

キーストロークレベルモデル (keystroke-level model, KLM) とは，システムの操作にかかる時間を，キーボードの**打鍵**と同水準の各単位操作に要する時間の和として表現したモデルです．以下のように，各操作時間の総和としてタスクの実行時間を求めます．

$$T_e = T_K + T_P + T_H + T_M + T_R$$

ここで，各変数は次のとおりです．

T_e　タスク実行時間
T_K　キーストローク（キー入力時間）
T_P　ポインティング（移動時間）
T_H　ホーミング（手の移動時間）
T_M　メンタルプリペアリング（心理的準備時間）

T_R　レスポンスタイム（システムの応答時間）

キーストロークレベルモデルの特徴は，キーボード打鍵レベルでの短い行為にかかる時間を積算して，作業にかかる時間を見積もることができる点にあります．ワープロで文の編集作業を行う，といった作業で実際にかかる時間を見積もることができます．

各操作にかかる時間は，過去の心理学や行動科学の研究成果に基づいて値が決められています．これを表5.1に示します．

例として，PCのワープロソフトで作成した

> You will walk alone.

という文を修正して，以下のような文に書き換える場合にかかる時間を，キーストロークレベルモデルで見積もります．

> You will never walk alone.

まず，ユーザは何を行うかを考えます．ユーザはすでに文を読んでいると仮定すると，ここでは never を挿入することを決断します (M). 次に，手をマウスの上におき (H)，will と walk の間までマウスを動かして (P)，マウスボタンをクリックし (P_1)，手をキーボードの上に戻します (H). キー入力するために，心の準備

表 5.1　キーストロークレベルモデルにおける操作時間

オペレータ	説明	時間 (s)
K	ボタンやキーの押下 熟練したタイピスト (55 wpm) 平均的なタイピスト (40 wpm) キーボードに慣れていないユーザ シフトキーまたはコントロールキーの押下	0.35　（平均値） 0.22 0.28 1.20 0.08
P	マウスまたはその他の装置による表示画面上の目標物の指示	1.10
P_1	マウスまたは類似した装置でクリック	0.20
H	キーボードまたはその他の装置の上に手を置く	0.40
D	マウスを使って線を引く	線の長さに依存
M	行為に対する心的な準備（例：決断する）	1.35
$R(t)$	システムの応答時間（ユーザが作業を行う上で待たなければならないときだけ積算する）	t

をします (*M*)．そして，never のそれぞれの文字キーボードのキーを押すことで挿入します (5*K*)．最後にスペースキーを押します (*K*)．

　以上の作業時間を積算すると，ユーザが熟練したタイピストだと仮定した場合には，以下のとおりとなります．

編集作業に対する心的な準備をする (*M*)	1.35
手をマウスの上におく (*H*)	0.40
will と walk の間までマウスを動かす (*P*)	1.10
マウスボタンをクリックする (*P*$_1$)	0.20
手をキーボードの上におく (*H*)	0.40
キー入力に対する心的な準備をする (*M*)	1.35
n キーを押す (*K*)	0.22
e キーを押す (*K*)	0.22
v キーを押す (*K*)	0.22
e キーを押す (*K*)	0.22
r キーを押す (*K*)	0.22
スペースキーを押す (*K*)	0.22
総時間	6.12 (s)

5.3　デザイナとユーザとの関係性を示すモデル

　本書では，作り手の立場での HCI を議論しています．作り手（デザイナやエンジニア）とユーザとの関係はどのように説明できるでしょうか．ここでは，デザイナとユーザとの関係性を示すモデルを説明します．具体的には**メンタルモデル**と**アフォーダンス**をとりあげます．

5.3.1　メンタルモデル

　メンタルモデル (mental model) は，ユーザがシステムに対して推論する必要があるときに使われます．特に，システムを初めて使うときや，よく使うシステムでも意図していない状況になったとき，それを理解しようとするときに使われます．

したがって，システムに対する経験を重ねれば，ユーザのメンタルモデルは成長します．認知心理学の分野では，外界を説明するために構築された内部の仮説として説明されています．

　システムが効果的にデザインされていれば，そのシステムを構成する概念モデルがユーザにとって理解しやすいため，すぐに使い始めることができます．

　システムを使うときに，ユーザはシステムに対する理解を**作業モデル**として構築します．全く新規に使う場合でも，仮説的にそのシステムに対する作業モデルを構築して，使いながら理解が深まると，そのモデルを変更していきます．システムの概念モデルと，ユーザがもつ作業モデルとの一致性が高いほど，そのシステムを効果的に使えることになります．ユーザにとって初見でも，システムを構成する概念モデルとユーザがもつ作業モデルとが一致すれば，改めて学習することなくそのシステムを使うことができます．

　また，システムをデザインするとき，デザイナや開発者がもっているシステムに対するモデル（デザインモデル，design model）を，システムに反映させます（図5.6）．このときデザインモデルが適切にシステムの概念モデルに反映できれば，そのシステムはデザイナや開発者が意図したように表現できていることになります．

　最も理想的なシステムでは，デザイナや開発者がもっているデザインモデルが，システムのデザインを通して，つまりシステムの概念モデルを介して，ユーザの構

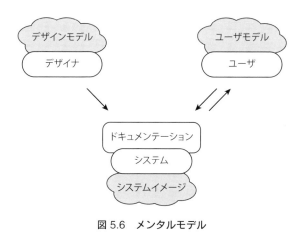

図 5.6　メンタルモデル

成する作業モデルと一致していると考えられます.

5.3.2　アフォーダンス

　椅子はなぜ座れると知覚されるのか考えてみます[50].　椅子には，お尻（ときには背中も使って）で人間の身体を支え，足への負担を減らし，お尻を安定した平面で支え，座ったときに地面に足が届くこと，あるいは地面よりある程度高い位置にある，といった特徴があります.　このような特徴をもった構造物があれば，人には座れると知覚されます.

　心理学者 Gibson によると，環境を知覚するのに必要な情報は環境（私たちの身の回りの世界）によって提供されるものであり，記憶や推論の助けなしに直接知覚され，環境は動物に対してその「相互の関係」の中で特定の知覚を引き起こすようになっています.　このような個人と環境との関係を Gibson は**アフォーダンス**と呼びました.

　一方，認知科学者 Norman は，その著書『誰のためのデザイン (*Psychology of Everyday Things*)』[52] の中で，デザインにおける，使いやすさ（ユーザビリティ）の必要性を主張しました.　つまりデザインとして，美しさや性能，機能だけでは足りないことを説明しています.　ここでは，美しく性能が高い製品でも，使いやすくなければデザインに失敗している，という着眼点を示しています.　そして，使いやすいデザインは，使えるように「アフォード」しているというアイデアを提示しました.　アフォーダンスの考え方をデザインへ応用するという立場です.

　例えば，図 5.7 のようなドアのデザインを考えます.　このドアは押して開けるでしょうか.　それとも引いて開けるでしょうか.　ここで，push や pull という文字は書かれていないとします.　Norman は平面の板状パネルが付いているドアは押すことを促し（アフォードし），縦に長い棒状の握りが付いているドアは引くことを促す（アフォードする），と説明しています[3].

シグニフィア

　Norman によるアフォーダンスの考え方は，『誰のためのデザイン』が多くのデ

---

3)　ただし日本の建物では，あまり平面の板状パネルが付いているドアは見かけません.　初めて見かける人はどうやって開けてよいかわからず，戸惑うのではないでしょうか.

図 5.7 アフォーダンスの例

ザイン関係者に読まれたことによって，現在でもよく使われます．

　ところが，Norman によるアフォーダンスの説明は，Gibson の提唱した本来の
アフォーダンスの概念とは異なるということで，議論が起こりました．Norman に
よるアフォーダンスは，行為の引き金となるもの，あるいは行為を誘導するもので
あり，それは個人のもっている知識や経験に基づくものが多いと考えられます．こ
れに対し，Gibson のアフォーダンスは環境と個人の関係性を言っています．ここ
には，知識や経験とのかかわりはありません．

　そこで Norman はこの議論の後に，Norman によるアフォーダンスを**シグニフィ
ア**と読み替えるように主張しました[51]．ここでシグニフィアとは，適切な行動への
知覚可能なサイン（てがかり）であり，私たちの身の回り（環境）に仕掛けられた
知識です．

　Norman によるシグニフィアはとてもわかりやすい定義ですが，デザイン関係者
にはあまり用いられていないようです．Norman によるアフォーダンスのほうが専
門用語としては定着しています．

5.4　ユーザの欲求を説明するモデル

　製品やシステム，サービスをユーザが使用する場合に，それが難しければ「使えない」と考えて，使用することをやめてしまうことがあります．ところが，仕事の一環でそれらを使わざるをえない立場であれば，多少難しくても，何回も繰り返して学んだり慣れたりして，使えない状況を克服しなければなりません．

　一方で，「どうしてもそれを使いこなしたい」と考え，自ら欲して使うものもあります．例えば最近の楽器にはコンピュータが組み込まれ，同じようなボタンやつまみが多数あり，初心者にはとても難しい装置に見えます．ところが楽器を使う人は喜んで学んでいます．そこには，仕事で使わなければならないシステムとは別の動機づけがあるようです．

　ユーザがシステムを使う場合に，なぜそのシステムを使うか，という動機づけの部分に着目して説明するモデルが考えられています．人間の欲求を階層的に表現した Maslow の**欲求段階モデル**です．

　Maslow は，人間の欲求にはピラミッド型の階層構造があり，下位の欲求が満たされれば，上位の欲求を求めることを主張しています（図 5.8）．

　図 5.8 には，下位から上位へ向かって，生理的欲求，安全，社会，自尊，自己実現と積み重なっています．

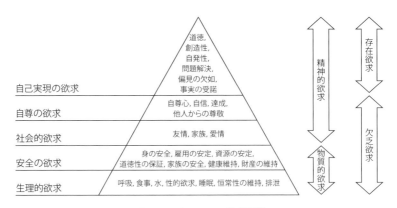

図 5.8　Maslow の欲求段階

　生理的欲求とは，生きていく上での基本的かつ本能的な欲求であり，食事をしたり睡眠をとったりすることが含まれます．空気や水，食べ物などがなければ，まず生存することができません．

　次に，安全の欲求とは，安心・安全な暮らしをすることへの欲求です．危険や困難な状況から回避できるように，安全な家があったり，健康であったりすることを望みます．

　社会的欲求とは，集団に所属したり，仲間を求めたりする欲求です．下位の欲求である安全が確保できると，家族や会社，集団，組織，国家といったグループに帰属したいという欲求が現れます．

　自尊の欲求とは，他者から認められたい，尊敬されたいという欲求です．下位にある社会の欲求が満たされれば，所属している集団の仲間から認識されて，賞賛されたいという思いが現れます．

　最後に，自己実現の欲求とは，自己のあるべき高い姿になることを求める欲求です．自己の能力を引き出して創造的な活動をしたりするようなことを求めます．自己実現の欲求が Maslow のモデルの最上位にあり，自己の設定した目標に自分で到達することによって喜びを感じます．

第 5 章　演習問題 ────────────────●

1. 皆さんが使っている PC で，印刷画面（ダイアログ）を表示させるまでにかかる時間を，キーストロークレベルモデルに基づいて見積もってみよう．なお，初期状態では，両手はキーボードの上にあるとします．

2. 上記の作業を実際に行って，作業開始から終了までの時間をストップウォッチで計測してみよう．問題 1 で見積もった作業時間と比較して，結果が一致したかどうかを確認してみよう．もし結果が一致しなければ，その原因を考察してみよう．

3. 問題 2 における作業時間を，複数人（10 名以上が望ましい）を被験者として計測し，作業時間の最短時間，最長時間，平均時間を求めてみよう．問題 1 で見積もった作業時間と最も近いのはどの値でしょうか．また，以上の結果について考察してみよう．

第 **6** 章

ユーザビリティ

本章では，私たちが作る製品やシステム，サービスが「よくできた」と判断するときに役立つ基準について議論します．

6.1　「よくできた」という基準は何か

図 1.2 の女性のシーンを振り返ってみましょう．第 1 章では，図 1.2 をもとにあなたがスマートフォンですることを議論しました．まず「スマートフォンを使う」という，図に表現された対象をそのまま挙げた人がいると思います．次に，SNS でメッセージを共有する，メモをとる，スケジュールを確認する，といったような，様々な項目を想像で挙げた人がいると思います．

この二つには，スマートフォンの役割に大きな違いがあります．前者はスマートフォンを使うこと自体が目的となっています．後者はスマートフォンを手段として使って，別の目的を達成しようとしています．

私たちが開発するコンピュータにかかわる人工物は，多くが後者のような特徴をもちます．すなわち，開発する人工物を使うこと自体が目的ではなく，手段であるという構造です．第 1 章で説明したプロジェクタの例をもう一度とりあげます．

大学の講義室や会社の会議室には，プロジェクタが設置してあります．プロジェクタに PC を接続して画像や映像を表示します．全体としてみると，学生と教師あるいは会議参加者と発表者が行う共同作業を支援するためのコンピュータシステム

です[1]. 教師や発表者にとって，プロジェクタを使うこと自体はプロジェクタ使用の目的ではありません．プロジェクタは，講義や会議で用いる資料を共有するという目的を達成するための手段として使われています．

手段として使われているので，プロジェクタが最も適切に使われているときには，ユーザにとってその存在が意識されなくなっています．ユーザが講義や会議の内容そのものに集中しているからです．一方で，プロジェクタの調子が悪くなって使えなくなったとたんにプロジェクタが意識上に現れます．使えなくなってプロジェクタの設定画面を開いたり，リモコンのボタンを押したり，といった作業で問題解決に取り組む状況に対面した経験が，誰しもあるのではないでしょうか[2].

以上のように考えると，人工物の開発では，ユーザの目標を把握してその達成を適切に支援するようにデザインすることが重要だということが理解できます．その人工物を使うことが手段であり目的でないとするならば，ユーザが目的を達成することに集中できて使うことを意識しないとき，よくできた人工物だと評価されることになります．このような考え方は，ユーザビリティの定義に反映されています．

あなたは将来，プロジェクタを開発するデザイナやエンジニアになるかもしれません．そのときにこの構造を十分に把握していれば，開発時に何を重要視しなければならないかを判断できるでしょう．その存在自体が主役になるような製品[3]もあれば，脇役として手段に徹して存在が意識されなくなるような形で本来の目的達成を支援する製品もあります．

6.2 プロダクトとプロセス

ユーザビリティの議論に入る前に，プロダクトとプロセスについて説明します．ユーザビリティはプロダクトに対する特性ですが，そのプロダクトを開発する過程，

---

1) 表 2.1 の観点で，プロジェクタと PC から構成されるシステムがどこに位置するかを考えてみましょう．
2) このような対比は，Heidegger の ready-to-hand と present-at-hand の説明として，HCI の分野で行われてきました．Winograd and Flores (1986)[78] がマウスの例を使ってこの概念の違いを説明しています．
3) 世の中には，所有することに喜びを感じる製品もたくさんあります．手に取って使わなくても，置いて鑑賞する製品もあります．

すなわちプロセスによって影響を受けるからです.

　以下では,料理を例にしてプロダクトとプロセスについて説明しましょう.

　私たちが食事をするとき,いただく料理は**プロダクト** (product) に相当します.料理は,カロリーや分量といった客観的な数値指標で計測することができます.私たちは料理を食べて,それを美味しい / 美味しくないといった主観で評価することができます.「星五つ」というように数値指標を割り当てることも可能です.すなわち,主観的な評価を行うことができますし,この主観的な評価に対して数値指標を割り当てることもできます.

　同じ材料を使っても,素人が作る料理と一流シェフが作る料理では出来栄えが大きく異なります.素人は奇跡的に偶然美味しい料理を作ることができても,安定的に繰り返して美味しい料理を作ることは困難です.また一流シェフであっても,適切な材料と道具がなければ,十分な出来栄えにすることはできません.素材の悪さを調理の技術で補うことには限界があります.また,調理の段階に応じた適切な道具があります.料理人は魚を切るときでも複数の包丁を使い分けます[4].

　しかも,結果的に美味しい料理が出来上がるとしても,料理の出来栄えに満足するまで何度でも作り直し,シェフ自身が納得しなければ料理を出さないようなこだわりのレストランであれば,一般的なお客は料理が出されるまで我慢できずに満足してくれないことでしょう.

　このように,料理の出来栄えやお客の満足には,どのようにして料理が作られるのかという過程が影響を与えます.このようなモノ・コト作りの過程を**プロセス** (process) と呼びます.

　料理の例と同じで,人工物をきちんと使えるように,さらに使いやすいようにデザインする上で,どのような過程を経てデザインされるか,すなわちそのデザインプロセスが,最終的なプロダクトの品質に影響を与えます.すなわち,誰が,どのような道具を使って,どのような手順で,どのように取り組むかが,使えるか・使いやすいかに影響を与えます.

---

　4)　マグロの解体には 7 種類以上の包丁を使うそうです.

6.3　利用品質の考え方

　私たちは，周りにある人工物を常に評価しています．ユーザは人工物を使いにくいと考えれば，どうしても使わなければならないものでないかぎり，使わないという選択肢をとることができます．例えば，顧客が店頭で手にとって製品の比較を行う場合，使いにくいと感じればその製品を買わないでしょう．また，商品を販売するウェブサイトの場合，代金を支払う手段がわかりにくければ，その商品を購入してくれません．顧客は別のサービスに移ってしまうでしょう．

　一方で，仕事で使わざるをえない人工物とかかわっている場合には，ユーザは大きなストレスを感じながら仕事を進めることになります．健全な就労環境をユーザに提供するためにも，これらの開発者は使いやすい人工物の開発に心がけなければなりません．

　使いやすさは，対象としている人工物が使われるときに決まる品質だと考えられています．つまり一般には，人工物の機能上の品質ではなく利用上の品質の一部と位置づけられています．このような視点では，機能上の品質が不可欠なもので，利用上の品質はそれに追加される二次的なものだと考えられがちですが，実際には使いやすさの重要性は極めて高いといえます．

　なぜならば，どんなにすばらしい機能をもった人工物があったとしても，ユーザがその機能を見いだして価値があることを理解し，使って期待したことを実現できなければ，その機能は存在していないことと同じだからです．

　この部分を左右しているのがユーザインタフェースのデザインです．そして，そのユーザインタフェースによって促されるのがインタラクションです．

　したがって開発者は，**利用品質**の考え方を理解した上で，それをできるだけ高く保つように人工物をデザインしなければなりません．

6.4　ユーザビリティ

　この節では，ユーザビリティの定義とその例，デザインへの活用について説明します．

6.4.1　定義

　使いやすさを工学的に扱うとき，**ユーザビリティ** (usability) というキーワードが専門用語として使われます.

　ユーザビリティには様々な定義がありますが，ここでは国際標準である ISO9241-11[31] に基づく日本産業規格 JIS Z8521:2020[33] での定義を紹介します.

ユーザビリティ (usability)：特定のユーザが特定の利用状況において，システム，製品またはサービスを利用する際に，効果，効率および満足を伴って特定の目標を達成する度合い.
> 注記 1　"特定の" ユーザ，目標および利用状況とは，ユーザビリティを考慮する際のユーザ，目標および利用状況の特定の組合せである.
> 注記 2　"ユーザビリティ" という言葉は，ユーザビリティ専門知識，ユーザビリティ専門家，ユーザビリティエンジニアリング，ユーザビリティ手法，ユーザビリティ評価など，ユーザビリティに寄与する設計に関する知識，能力，活動などを表す修飾語としても用いる.

　また，定義中のキーワードは以下のように定義されています.

利用状況 (context of use)：ユーザ，目標およびタスク，資源ならびに環境の組合せ
> 注記 1　利用状況の "環境" は，技術的，物理的，社会的，文化的および組織的環境を含む.

効果 (effectiveness)：ユーザが特定の目標を達成する際の正確性および完全性.

効率 (efficiency)：達成された結果に関連して費やした資源.
> 注記 1　典型的な資源は，時間，人間の労力，コストおよび材料を含む.

満足 (satisfaction)：システム，製品またはサービスの利用に起因するユーザのニーズおよび期待が満たされている程度に関するユーザの身体的，認知的および感情的な受け止め方
> 注記 1　満足は，実際の利用に起因するユーザエクスペリエンスがユーザのニーズおよび期待を満たしている程度を含む.
> 注記 2　利用前の期待は，実際の利用に伴う満足に影響を与える可能性がある.
> 注記 3　身体的，認知的および感情的な反応を満足の測定に利用する場合がある.

目標 (goal)：意図した成果.

以上の定義に基づくと，ユーザビリティは計測して評価することができます．計測する対象は (1) 効果，(2) 効率，(3) 満足の 3 項目です．

6.4.2　ユーザビリティの例

JIS Z8521:2020 の表 A.2 には，**ユーザビリティ測定尺度**の例が挙げられています（表 6.1）．

対象とする製品の全体的なユーザビリティを考えた場合，(1) 効果，(2) 効率，(3) 満足は，例えば以下のような尺度で決めることができます．

1. 効果：達成された目標の割合
2. 効率：仕事の完了に要した時間
3. 満足：対象に対する満足

スマートフォンアプリで目覚まし時刻を設定する手順を例に説明しましょう．いま，石原さんが寝る前にスマートフォンアプリで目覚まし時刻を設定することにします．設定する時刻は朝 6 時です．

表 6.1　ユーザビリティ測定尺度の例（JIS Z8521:2020 の表 A.2 より引用）

目標	効果の測定尺度		効率の測定尺度		満足の測定尺度	
	客観的	主観的	客観的	主観的	客観的	主観的
券売機でチケットを購入する	・利用結果の正確さ（例 有効な切符が購入できたか否か） ・タスク達成率（例 想定されるユーザグループでタスクを達成できたユーザの割合） ・券売機を改善しなかった場合にユーザが金銭を失う頻度	・想定していた旅行手段として，購入した切符が有効であるというユーザの認識 ・購入した切符が有効であることを正しく入力しているユーザの割合	・タスク達成までの所要時間 ・タスク達成までのコスト	・タスク達成までの所要時間に対するユーザの認識 ・タスク達成までのコストに対するユーザの認識	・券売機を再利用する頻度（観測結果）	・タスク達成または券売機に対する満足 ・所要時間に対する満足 ・信用に関する測定尺度 ・他者に利用を薦める傾向
表計算ソフトウェアでの集計表の作成方法を習得し新しいスキルを獲得する	・集計表を正しく作成できたかどうか ・1 週間後でも正しく利用できたかどうか ・集計表の作成方法を誤って理解したために正しくない結果となる頻度	・正しく適用できたとするユーザの認識 ・再び利用できる能力に対するユーザの認識	・タスク達成までの所要時間 ・タスク達成までのコスト	・タスク達成までの労力に対する認識	・表計算ソフトウェアで集計表を作成する頻度	・専門知識を習得したことに対する満足

ユーザビリティの定義にあてはめてみると次のとおりとなります.

- システム，製品またはサービス：スマートフォンの目覚ましアプリ
- 特定のユーザ：石原さん
- 特定の目標：目覚まし時刻を朝6時に設定する
- 特定の利用状況：寝る前にベッドの上で

このような状況のもとで，石原さんが目標を達成できるか，効率良く達成できるか，そして，満足はどの程度かを調べることでユーザビリティの程度を決めることができます.

具体的には，効果は目覚まし時計を朝6時に設定できたかどうかで決めることができます. もし間違って5時に設定してしまったり，設定作業が難しすぎて途中で設定をやめてしまった場合には，意図した成果を達成できないことになります.

正しく設定できた場合には，効率と満足を決めることができます. 設定までにかかった操作を，例えばボタンの押した数で数え上げれば，操作を数量化することができます. 設定にかかるボタンの操作数の少ないほうが効率的だといえます. さらに，操作にかかる時間を計測することもできます. 短い時間で設定できるほうが効率的だとみなすことができます.

満足は，石原さんが設定操作に対してどのように感じたかを，設定作業後に聞き取ることでわかります. この調査は石原さんの主観について聞き取るものですが，主観評価値も数量化することができます. 例えば，ある文を用意して，その文に対する合意または非合意の度合を5段階の尺度で選んでもらいます. このような主観評価値の評価尺度の代表例として**リッカート尺度** (Likert scale) があります. リッカート尺度については第8章で説明します.

さて，このスマートフォンアプリは石原さんにとっては使いやすいかもしれませんが，他の人にとっては使いにくいかもしれません. 一般的なユーザビリティを決めるためにはどうすればよいでしょうか. このために統計学を使います. ユーザを代表する人たちを複数人集めて，評価対象のスマートフォンアプリを使ってもらい，得られた数量的データの基本統計量（例えば，平均値や分散）を求めます.

6.4.3　デザインへの活用

　ユーザビリティが定義されていることから，この定義をデザインにおける着眼点として，積極的に活用することができます.

　スマートフォンの目覚ましアプリを開発する場合には，大きく分けて二つの方法があります.

　　1. これから新規にアプリを作る.
　　2. すでにあるアプリを改良する.

　前者は新規開発プロジェクトです. これまでにないアプリを作るので目覚ましという対象について調査する必要があります. 後者は，すでに存在するアプリの改修プロジェクトです. 派生開発や保守開発と言ってもよいでしょう.

　新規開発プロジェクトと派生開発プロジェクトにおける着眼点は，ユーザビリティの定義におけるキーワードで説明することができます.

　新規開発プロジェクトでは，目覚ましという対象について調査を行います. 調査対象はユーザと利用状況，目標です. つまり，今回の開発対象としている目覚ましアプリについて，ユーザは誰で，どのような状況でそれを利用し，どのような目標を達成するために使うのかを明らかにします[5].

　目を覚ますという行為は，健康的な人にとっては当り前で誰でも経験しているため，調査をするまでもないと考えてしまうかもしれませんが，改めて考えてみるとよくわからない行為です. 目を覚ますという行為に人々は何を求めているのでしょうか. 定刻にどうしても起床しなければならず，二度寝は許されないのかもしれませんし[6]，多少起きる時間が前後しても構わないので，気持ち良い目覚めを迎えたいのかもしれません. つまりユーザによって，おかれている利用状況や目標が異なります. 物理的な環境も様々です. 目覚ましアプリがインストールされている製品

---

5) ユーザビリティ定義の例として前述した「目覚まし時刻を朝6時に設定する」という目標は，目覚ましという対象全体の一部しか表していませんので，やはりきちんとした全体的な調査が必要です.
6) 鉄道会社や消防署では，どうしても定刻に起きなければならない職員がいるので，定刻になると膨らむ空気枕のような装置を導入しているところがあるそうです. 空気を抜いた枕状の風船を上半身の下に敷いて，定刻となるとこれが膨らむことで寝ている人の上半身が起き上がり，不自然な体勢になって必ず起きるそうです.

を枕元に置いているかもしれませんし，手の届かない場所に置いているかもしれません．ポケットに入れて寝ているかもしれません[7]．

　派生開発プロジェクトでは，改良した目覚ましアプリに対して，効果と効率，満足を評価します．そして，改良前の目覚ましアプリに対する効果と効率，満足を比較します．改良の前後の違いを明らかにすることで，改良がもたらした価値を確認することができます．この場合には，ユーザと利用状況，目標がすでにわかっていて，その理解が変わらないことが前提です．効果と効率，満足の評価には，特定のユーザを連れてきて利用状況を設定した上で，目標を与えて対象製品（すなわち目覚ましアプリ）を使ってもらいます．目標に向かう過程からこれらの項目を計測します．

6.5　ユーザビリティテスト

　この節では，ユーザビリティを系統的に評価する方法と，ユーザビリティテストを実施する場合に使われる設備について説明します．

6.5.1　評価方法

　ユーザビリティの評価を目的としてユーザビリティテストを実施する場合に，実施する内容は次の 2 点に集約されます．

1. テスト参加者に対して目標を与えて，その目標を達成するために行動するように依頼する．
2. テスト参加者の行動を観察したり，行動の過程を記録したりする．

　こうしてみると，とてもシンプルな作業です．ただし，これを系統的に実施して効果を得るためには，工夫しなければならないことがたくさんあります．

　例えば，テスト参加者が行動の途中で作業をやめてしまった場合に，どうやってその理由を知ることができるでしょうか．テスト参加者の行動を見ているだけではわからないことがあります．この問題は，テスト参加者に第 12 章で説明する思考発話法を使ってもらえば解決できることがあります．すなわち，行動中に戸惑って

---

[7]　寝返りをうったら崖から落ちるような場所で寝ているかもしれません．ロッククライマーはポータレッジという吊り下げ用テントを岸壁に取り付けて寝るのだそうです．

いることや困っていることを声に出して説明してもらえれば，観察者は対象としている製品のユーザビリティに関する課題を把握することができます．

　観察者がテスト参加者の横について発話を聞く場合には，必要に応じて質問をすることもできます．より詳しく製品の課題を参加者から臨機応変に聞き出すことができます．ところが，過度な割込みは参加者の行動を平時の操作とは大きく変えてしまう可能性があります．そこで参加者の行動中には割り込まずに，ビデオ撮影するという方法もあります．この方法では，撮影後のビデオ映像をテスト参加者と一緒に閲覧しながらインタビューします．参加者には自分の行動を映像で振り返りながら，特定のシーンでの行動の根拠や，そのときに考えていたこと，感じたことを話してもらいます．このような，テスト後に振り返って説明してもらう方法を**回顧法** (retrospective method) といいます．

　ここまでに述べたのは，主として観察者がテスト参加者の行動を見ることによって対象システムのユーザビリティの問題を明らかにする方法でした．この方法では，製品の現在のデザインがもつ問題の改善につながる評価（形成的評価，第 13 章参照）として有効です．これに対して，ユーザビリティの定義に基づいて各評価項目を数量化して計測する方法もあります．この方法については第 13 章で少し詳しく説明します．

6.5.2　ユーザビリティラボ

　ユーザビリティの評価において，評価作業を効果的かつ効率的に進めることができるような設備を用意することがあります．ユーザビリティ評価を行うための専用の実験室であり，一般的には**ユーザビリティラボ** (usability lab) と呼ばれています．典型的なユーザビリティラボの全体像を図 6.1 に示します[69]．

　典型的なユーザビリティラボは隣合う二つの部屋から構成されています．一つは評価を行うテストルーム（試験室）であり，もう一つはテストルームを観察するモニタールーム（観察室）です．これらの二つの部屋の間には，ハーフミラーが設置されており，試験室の様子を観察室から目視することができます．一方で，テストルームからはモニタールームの様子は見えないようになっており，ユーザビリティ評価の参加者が評価活動に集中できるように工夫されています．試験室には評価対象システムが設置され，参加者は評価者の支援のもとで評価対象システムの評価作

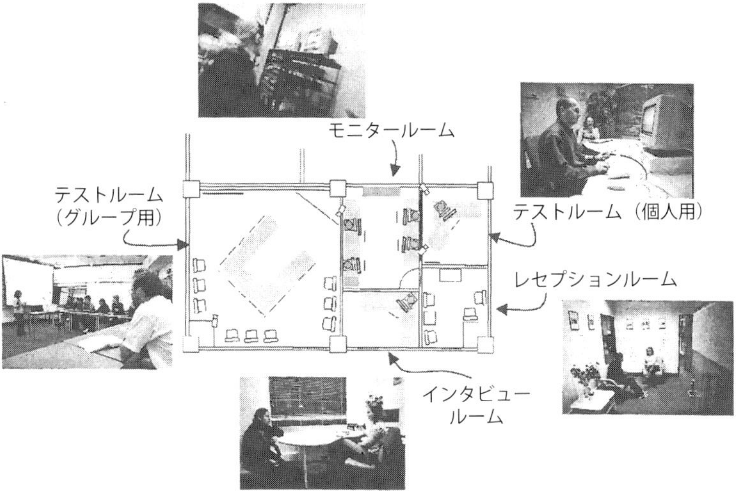

図 6.1　典型的なユーザビリティラボの全体像（Thomson ら (2001)[69] より引用．便宜的に
一部修整）

業を行います．観察者は参加者の活動の様子を観察室からハーフミラー越しに見ま
す．記録と分析の目的で，通常は複数台のビデオカメラをテストルーム内に設置し
て，複数のアングルから撮影します．参加者の発話内容を記録するために，ビデオ
カメラのマイクを使うか，別途マイクとレコーダが使われます．

　評価対象システムには，データロガーというユーザの操作やコンピュータのイベ
ントを検出して記録するプログラムが組み込まれることがあります．ユーザの行為
を客観的に計測するために，視線追跡装置やモーションキャプチャー装置を導入す
ることもあります．以上のような各種の計測装置が設備として用意されることで，
系統的にユーザビリティ評価を実施することができます．

　近年では，このような本格的な設備を使わずに，簡易的にユーザビリティテスト
を行う事例が多くあります．

　設備の有無は，ユーザビリティテストを効果的に進める上では大きな意味をもち
ますが，現実的には，ユーザを参加者として評価活動に参加させること自体のほう
が重要です．十分な設備がないから評価をしないと判断するよりは，まずはできる
範囲でユーザに評価対象システムを使ってもらって意見をもらうことを重視すべき

でしょう.

6.6　ユーザビリティの定義がもつ課題

　ユーザビリティが国際標準として定義されたことによって,使いやすさに対する共通の指針が得られました.そして,使いやすさを計測して評価できるようになりました.このことによって,使いやすさの目標値を定めたり,使いやすさの観点で複数の製品の比較をしたりすることができるようになりました.この定義があることによって,私たちは使いやすさを工学的に扱うことができます.

　一方で,ユーザビリティの現在の定義がもつ課題が,研究者により指摘されています.

　最も大きな問題点として,ユーザビリティの現在の定義では,明確な目標のある短期的な作業を対象としている,という点が挙げられます.

　例えばテレビを観ることを考えてみましょう.事前に観たい番組が明確に決まっていて,特定のチャンネルをなるべく早く表示するような場合は,ユーザビリティの定義に基づいた評価にとても適しています.あなたがテレビ開発者であり,あなたの製品であるテレビをユーザビリティの観点から評価する場合には,このような観点での評価は簡単に実施できます.この観点では競合製品との比較も容易です.

　ところで,あなたはテレビを観るときにいつでも,観たい番組が明確に決まっていて,そのチャンネルに素早く合わせるといった使い方をしているでしょうか.疲れているときや暇なときなどは,リモコンでなんとなくチャンネルを切り替えるだけ,といった行動をしていないでしょうか[8].明確な目標がないこのような作業は,ユーザビリティの定義で扱うことは困難です.なぜならば,ユーザビリティの現在の定義に基づくと,明確な目標に向かう作業に対して,その効果と効率,満足が評価されるからです.

　また,目標に向かう作業を評価するため,作業が短期的に終わることが仮定されています.「10年履いてその価値がやっとわかるジーンズ」といった製品は,ユーザビリティの定義に基づいて評価することは可能ですが,評価結果がわかるのが履

---

8) このような操作を**ザッピング** (zapping) といいます.

き始めてから 10 年後ですので，あまり現実的ではありません．

　次に，ユーザビリティの定義では明確なユーザを対象としていますが，複数人がかかわって使う製品では，ユーザの範囲が曖昧になります[9]．

　前述のプロジェクタの例を振り返ってみましょう．プロジェクタを使っているのは誰でしょうか．プレゼンタがスライド資料を投影して切り替える作業を行っているので，操作者としてのユーザといえるかもしれませんし，しかし，プレゼンタが投影しているスライド資料は，それを見ている聴衆（教室では生徒や学生）がいて意味をもちます．プレゼンタは投影することが目的ではなく，投影して他者と共有することが目的だからです．聴衆はプロジェクタを直接的には操作していませんが，プロジェクタ使用における重要な関与者（出力を利用する人）であり，聴衆の行為や反応によってプレゼンタの操作が影響を受けます．

　さらに，事前の情報が使いやすさの印象を変えます．使い始める前に使いやすそうだという期待をもっていたとき，実際に使ってみて使いにくければ，否定的な印象に大きく振れてしまいます．逆に，使い始める前に使いにくそうだと思っていたとき，実際に使ってみて使いやすければ，肯定的な印象に大きく振れてしまいます．このように，使いやすさに関する主観値は，使用前にもっている情報（既存の知識）によって影響を受けます[10][2]．

　また，近年の研究では，製品の美しさ（審美性の高さ）と使いやすさとの関係がわかってきています．美しい製品に対しては，ユーザは使いにくさについての問題点を差し引いて感じてしまう傾向にあります[38]．したがって，デザイナには審美性と機能性の両面を高めるデザインが求められます．

　従来から指摘されていることとして，人間のもつ学習能力に関する問題があります．製品を初めて使う場合と，その製品を長期間使い続けた場合では，ユーザが操作を学習しますので，ユーザビリティの評価値が変わります．具体的には，ユーザが学習したり，慣れたりすることによって，操作の効率が良くなります．極端な場合には操作の手順が自動化します．すなわち，特定の操作は意識せずに実行できる

---

9)　JIS Z8521:2020 では，ユーザを「システムを操作する人，システムの出力を利用する人およびシステムをサポートする人（保守または運用の訓練の提供を含む）を含む」と広く定義しています．
10)　JIS Z8521:2020 における，満足の注記「利用前の期待は，実際の利用に伴う満足に影響を与える可能性がある」を参照．

ようになります．このような学習能力を考慮に入れると，同じ特定のユーザによる
ユーザビリティの評価値は，評価のたびに変化しますので，再現性がないと思われ
てしまいます．

　JIS Z8521:2020 以外にも，ユーザビリティの定義は複数あります．定義の歴史
的な変化も興味深いので，興味がある方は黒須 (2013)[36] の第 2 章を参照してくだ
さい．

ユーザエクスペリエンス

　最近ではユーザビリティの対象を広く捉えようとする動きがあります．Reiss[58]
は，次のような定義を示しています．

> ユーザビリティとは，調べたり，改善したり，デザインしたりするあらゆ
> る対象（ドアノブや，ウェブページのような "物" を伴うことすらないサー
> ビスまで含む）を「使用」しながら，特定のタスクを遂行したり，より幅
> 広い目標を達成したりする各個人の能力を扱うもの．

　ここではユーザビリティを，後述する**ユーザエクスペリエンス** (user experience)
の概念まで拡張しようという試みがなされています．ユーザビリティに対する定義
が扱う対象が狭いという問題については，ユーザエクスペリエンスという新たな概
念を導入することで扱うことができます．

第 6 章　演習問題

1. 駅に設置してある切符券売機のユーザビリティを評価します．効果，効率，満足
   にそれぞれ相当する評価項目を挙げてみよう．
2. ユーザビリティラボを使わずに，一つの会議室で簡易的にユーザビリティテスト
   を行うことを考えます．このときに注意すべきことと，その注意点に対してでき
   る工夫を述べてみよう．
3. 普段使っていないスマートフォンのカメラ機能を使って写真を 1 枚撮影し，撮っ
   た写真を画面に表示してみます．このとき，カメラ機能を立ち上げて撮影し，撮っ

た写真を表示するまでにかかる時間を計測してみよう．また，この一連の作業に
かかった操作数を数え上げてみよう．操作終了後に，一連の作業に対してどのよ
うに感じたか，あなたの感想を述べてみよう．肯定的な態度でしょうか．否定的
な態度でしょうか[11]．

[11) 講義室で演習として実施する場合には，学生がペアになってスマートフォンを交換して実施すると
よいです．片方が被験者となって作業を行い，もう片方が評価者となって観察と計測を行うことで
うまく実施できます．

人間中心設計

本章では，製品やシステム，サービスを作り出す過程について議論します．どのような方法をとれば，高いユーザビリティを作り込むことができるでしょうか．

7.1　設計プロセス

　使いやすい製品を作るための方法は，考え方によっては実はとても簡単です．作り手が使い手を決めて，その人が「使いやすい」というまで，繰り返し作り直せばよいのです．いわゆるオーダーメイドの特注品であれば，このようなモノづくりが可能です．このようなモノづくりの仕方をするということは，このような**設計プロセス**をとるということを意味しています．オーダーメイドで特注品を作るということは，いまの世の中ではとても贅沢なモノづくりのプロセスです．特に普段使いの日用品のような物に対しては，あまり用いられません．

　私たちの身の回りにある多くの人工物は，供給側が主導的に開発して提供します．したがって開発するプロセスは，供給側の都合で決まります．そして，どのような設計のプロセスをとっているかによって，そこから生み出される人工物の品質が変わってきます．

7.2　ソフトウェア開発の問題

　従来型のソフトウェア開発の過程は，**ウォータフォール・モデル** (waterfall model)[1]と呼ばれる開発プロセスに従っていました．このモデルを図 7.1 に示します．

　ウォータフォール型のソフトウェア開発プロセスでは，ソフトウェア開発の過程をいくつかの段階に分けて，各段階を順番に進めることによって人工物の実現に向かいます．具体的には，以下のような段階に分かれます．

　　要求獲得・分析，設計，実装，テスト，運用・保守．

　ウォータフォール型のソフトウェア開発プロセスでは，これらの段階を順番に進めます．初期の段階から後期の段階に向かって，水が流れ落ちるように進み，なるべく後戻りしないことを目指します．また，各段階をできるだけ独立にすることで効率化を図ります．コンピュータのユーザインタフェースは，ソフトウェアによっ

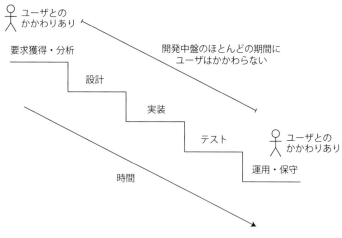

図 7.1　ウォータフォール型の開発プロセス

---

1)　ウォータフォールとは滝を意味します．日本で多くの人が思い浮かべる滝は，高い位置から水が直下に落ちるイメージだと思いますが，このモデルでの滝は「多段」を構成してなだらかに水が落ちるイメージです．

て制御されたり，実現されたりしますので，当然のことながら，ウォータフォール型のソフトウェア開発の一部として従来は組み入れられていました．

ところがこの開発では，初期の要求獲得・分析の段階でユーザについて検討した後は，テストを行う段階まで，開発の中盤のほとんどの期間にユーザはかかわりませんでした．したがって，初期の段階でユーザに対する理解を間違っていたり，ユーザの要求を適切に扱えなかったりしたら，完成後にしかその間違いや問題点を明らかにすることができません．後期の段階で発見した問題点や修正点は，修正に大きなコストがかかるため，実際には修正が困難になります．これでは，使いやすいユーザインタフェースを実現することが困難です．

7.3　ユーザビリティデザインプロセス

ソフトウェア開発のモデルの一つであるウォータフォール型の開発プロセスが，使いやすいユーザインタフェースのデザインを妨げるという問題は従来より指摘されていました．

そこでこの反省をもとに，ユーザビリティの高いユーザインタフェースを実現するためのプロセスとして，Gould と Lewis[19] は次の四つの基準を挙げました．

1. 初期段階から（そして継続的に）ユーザへ焦点をあてる.

設計の初期段階から，想定される実際のユーザに会って話を聞いたり，ユーザの使用環境を調査したりして，設計にかかわってもらうことが重要です．そして，初期段階に一度会って満足するだけではなく，開発が進んでも継続的に実際のユーザに焦点をあてる機会を設けることが望まれます．

2. 初期段階から（そして継続的に）ユーザテストを行う.

実際に使用することになるユーザを対象として，設計の初期段階からユーザによる評価を行います．そして開発が進行しても継続的に評価を行います．設計の初期段階では，サービスやシステム，製品などの評価対象はありません（開発を行う前ですので）．そのような段階でも，プロトタイプやシミュレーションを活用することによって評価を行います．

3. 反復設計を行う.

　ユーザによる評価を行ったら，その結果を設計に反映させます．必要に応じて修正を行います．そしてこの評価と修正のサイクルを繰り返します．

4. 統合的な設計を行う.

　ユーザビリティにかかわる対象は多岐にわたります．少し複雑なシステムであれば，ユーザインタフェースの構成要素の数が増えて多人数で開発することになります．開発の担当部門が複数に分かれるかもしれません．また，ユーザビリティにかかわる部分として，システム自体のユーザインタフェースではない対象も見逃せません．例えば，システムのパッケージや取扱説明書，問題が生じたときの解決方法など，システムのユーザビリティに間接的に影響を与える対象が多数あります．このような，ユーザビリティにかかわる多岐にわたる要素を同時並行的に向上させることが重要です．

　また，ユーザビリティ全体にかかわる部分を担当する，ある程度の高い権限をもつ責任者をおきます．このことによって，ユーザビリティ全体を統合的かつ一元的に管理します．

　このような**ユーザビリティデザインプロセス** (usability design process) は，その後の人間中心設計の考え方に影響を与えています．

7.4　人間中心設計のプロセス

　人間中心設計のプロセスは，1999 年に ISO13407 という国際標準で定められました[37]．ISO13407 のプロセスを図 7.2 に示します．

- HCD のニーズの特定
- 利用状況（文脈）の把握と明示
- ユーザと組織の要求事項の明確化
- 設計開発による解決案の作成
- 要求事項に照らした設計結果の評価
- 完成したシステムが特定のユーザと組織の要求に適合

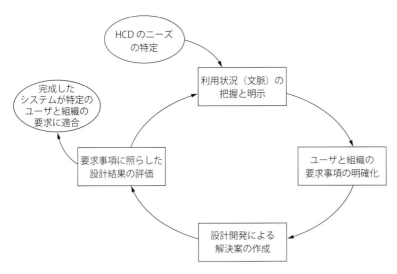

図 7.2 ISO13407 のプロセス

また，次の 4 項目を原則として挙げています．

1. ユーザの積極的な関与，ならびにユーザおよび仕事の明確な理解
2. ユーザと技術に対する適切な機能配分
3. 設計による解決の繰り返し
4. 多様な職種に基づいた設計

7.5　人間中心設計

ISO13407 はその後，2010 年に ISO 9241-210 に改定され[32]，2019 年にはさらに第 2 版に改定されました．

ISO9241-210 ではプロセスという表現はなくなり，人間中心設計と改められました．この理由の一つは，プロセスと表現した場合には，各ステップを順番に進めなければならないという印象が強くなるからだと言われています．

ISO9241-210 (JIS Z8530:2020) で示された人間中心設計の活動を図 7.3 に示します．

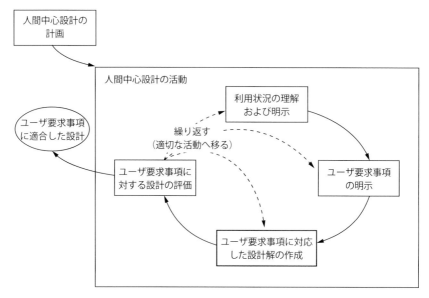

図 7.3　ISO9241-210 (JIS Z8530:2020) で示された人間中心設計の活動

　人間中心設計の計画がまずあり，その上で次の四つの活動があります．

- 利用状況の理解および明示
- ユーザ要求事項の明示
- ユーザ要求事項に対応した設計解の作成
- ユーザ要求事項に対応する設計の評価

　評価結果が十分であれば，設計解はユーザ要求事項に適合したことが保証されます．一方で，評価結果が不十分であれば，それ以前の段階の適切な活動へ戻って繰り返します．利用状況の理解および明示が十分にできていなかったために満足する評価結果が得られなかったのであれば，利用状況の理解および明示の活動へ戻って調査をやり直します．ユーザ要求事項が十分に明示できていなかったために満足する評価結果が得られなかったのであれば，ユーザ要求事項の明示の活動へ戻って要求事項の表現をやり直します．設計解が十分でなかったために満足する評価結果が得られなかったのであれば，ユーザ要求事項に対応した設計解の作成の活動へ戻っ

てデザインをやり直します．以上の活動を，満足する評価が得られるまで繰り返し行います．

　現在では，人間中心設計の原則として以下のような項目が挙げられています．

- ●ユーザやタスク，環境に対する明確な理解に基づいてデザインする．
- ●設計や開発の期間を通してユーザを取り込む．
- ●設計は人間中心的な評価によって駆動され，また洗練される．
- ●プロセスは反復的である．
- ●設計はユーザエクスペリエンスの全体に焦点をあてる．
- ●設計チームには多様な専門領域の技能と見方を取り込む．

7.5.1　ユーザのかかわり

　何かを「したほうがよいと思う」ことと「実際にする」ことには大きな差があります．モノづくりにかかわる多くの人たちはユーザを重視していますが，ユーザについて「考える」ことと実際にユーザを「理解する」ことには違いがあります．ユーザグループを想像や資料から見いだすだけは足りず，実際にユーザと会ってインタビューを行い，デザインチームがユーザの場へ赴いてその目で実際に場を観察することが重要です．そして，それをデザインを始める前に実施することが求められています[19]．このようなユーザとのかかわりは，デザインの前だけにとどまらず，その後に開発が始まってからも継続します．開発後には実際のユーザにその製品の評価にかかわってもらいます．これが，設計や開発の全体の期間を通してユーザを取り込むことにつながります．

7.5.2　反復設計

　製品の開発の過程で，それを評価することが重要だということも多くの人々に理解されています．しかし，評価の回数は1回で済ませたいと思っているようです[19]．製品のユーザビリティに関する特徴を，「シンプル」，「使いやすい」，「フレキシブル」といった曖昧な表現での達成目標とせずに，ユーザビリティの定義（第6章参照）に基づいた計測可能な評価項目として定義して，その評価項目を達成できるように継続的に繰り返し評価することが重要です．そして，その評価は実際のユーザに依

頼することが望まれます．開発中の製品を評価してユーザビリティに関する評価項目が基準に達していなければ，その項目に関する機能や特徴を改善修正して，さらに次の評価を行います．このような過程を繰り返すことが，評価駆動で反復的な開発のプロセスを形成します．

7.6　プロトタイピング

　評価駆動で反復的な開発のプロセスの初期段階からユーザにかかわってもらうためには，何らかの評価対象が必要です．そのために，製品の試作品としてプロトタイプを用意します（第 11 章参照）．プロトタイプというと完成品に近いように動作する試作品をイメージする人が多いかもしれませんが，後述するように紙で作成したプロトタイプを使った評価といった，開発の初期の段階で使うことができる様々な手法が考察されています．

7.7　人間中心設計のメリット

　人間中心設計を行うことによって，以下のような利点が得られます．

- システムを使うユーザの生産性や組織の作業効率を向上できる．
- システムが理解しやすく使いやすくなることにより，訓練やサポートにかかる費用が削減される．
- 多様な能力をもった人々へのユーザビリティを高めることで，システムのアクセシビリティが向上する．
- システムのユーザエクスペリエンスが改善される．
- システムに対する不快感やストレスが緩和される．
- ブランドイメージを向上させることになり競争力がつく．
- サステナビリティという目標にも貢献する．

第7章 演習問題 ──────────────────────●

1. 大切なゲストを招いて焼き肉パーティを開催することを考えます．ウォータフォールのモデルで行う場合には，どのような役割分担と進め方があるでしょうか．考えてみよう．

2. 大切なゲストを招いて焼き肉パーティを開催することを考えます．Gould によるユーザビリティデザインプロセスのモデル[19] の基本概念に基づく場合には，どのような役割分担と進め方があるでしょうか．考えてみよう．

第 **8** 章

利用状況の理解および明示：
アプローチ

本章では，ユーザとその状況を調査する手法について議論します．

8.1 ユーザの声

人間中心設計では，設計開発の対象である人工物を使うユーザを重視します．本書でも，ユーザか誰であるか，そしてそのユーザが人工物を使う状況について考えることを強調してきました．このような立場から考えると，ユーザから意見を聞いて素直にそれに対応したモノづくりを行うことが自然なアプローチだといえます．

一方で，モノづくりの世界には「ユーザの声を聞いてはいけない」という考え方もあります[68]．これはなぜでしょうか．

実はユーザが明示的に声を発する場合には，そのユーザの声の背後には具体的なネガティブ体験があります．例えば，うまくできなかった，あるいは，手間取った，いらいらした，恥をかかされたといったような経験をした場合に，これらについての強い印象がユーザに残ります．

ユーザによっては，ネガティブ体験という問題を意識するだけでなく，さらにそのような明確になっている問題（すなわち，顕在化した問題点）に対して，自分なりの解決案を考えることもあります．

顕在化した問題点とそれらに対するユーザの解決案は，正しいという保証はあり

ません．また，すでに問題はユーザにとって顕在化しているわけですから，そこから新たな発見は得られません．

　ユーザインタフェースとインタラクションの作り手として私たちが取り組むべきポイントは，顕在化したネガティブ体験とその解をそのまま受け入れてそれを実現することではありません．私たちには，ユーザの声の背景にある潜在的な問題点を明らかにし，その問題点を分析した上で，適切な解決法を提案することが求められます．

　このような専門家としての対応の仕方は，患者と医者の関係を例として語られることがあります．例えば，患者が「私はがんです．手術してください」と言ったら，医者は言われたとおりに手術をするでしょうか．このような関係性と状況であれば「医者は手術をするとは限らない」と考えることが自然でしょう．医者は医療の専門家として，患者の状態を根拠のある情報やデータに基づき，適切な医療行為を判断して実行します．結果的に患者から言われたとおりの手術をするかもしれませんが，それは，患者から言われたから行うのではなく，あくまでも医療の専門家としての総合的な判断の結果です[1]．

　したがって「ユーザの声を聞いてはいけない」という言葉の意味は，「ユーザの声をそのままうのみにして従ってはいけない」ということであり，ユーザの声を聞くこと自体は，本質的に重要で欠かすことのできない調査活動です．そして，その調査結果をもとに，ユーザが本当に必要としていることを明らかにして実現することが，私たち作り手の役割です．

8.2　利用状況の理解および明示

　本章では，ISO9241-210 (JIS Z8530:2020) で示された人間中心設計における「利用状況の理解および明示」の活動について議論します．この段階での主な目的は以

---

[1] 似たような考え方に，米国の自動車会社フォード・モーター創始者ヘンリー・フォードによる次の言葉があります．「もし顧客に，彼らの望むものを聞いていたら，彼らは『もっと速い馬が欲しい』と答えていただろう」．これはフォードが顧客の言葉を無視していたのではなく，むしろフォードが顧客のもつ問題を十分に理解していたからこそ発せられた言葉だと理解したほうがよいでしょう．なお参考までに，これはヘンリー・フォードが発した言葉ではないという報告[73] もありますので，ご注意を．

下のとおりです．

1. この製品は，どんな人が，どのように，どんな環境で使用するのかを理解して，ターゲットユーザ，業務特性，使用環境を定義する．
2. 様々な調査を行って，ターゲットユーザの要求を理解し，開発のプロセスに携わるすべての関係者の共通認識にする．

ここでユーザビリティの構成要素と関係について，振り返ってみましょう．図 8.1 は，JIS Z8521:2020 に基づいてユーザビリティの構成要素と関係を図示したものです．

ユーザビリティの定義では，ある特定のユーザが特定の利用状況において製品を使用する場合を想定しています．ここでの利用状況とは，ユーザ，目標およびタスク，資源ならびに環境の組合せです．ユーザはここで何らかの期待する結果を得たいと考えます．つまり達成したい目標があります．

そこで，ユーザがその製品を利用すると，何らかの結果が得られます．この利用の結果が，意図した結果をどのくらい達成しているか，すなわち目標達成の度合いを，効果，効率，満足という三つの尺度で評価するのがユーザビリティです．

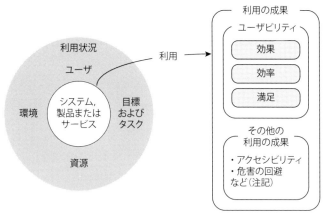

注記）例えば，ユーザエクスペリエンスの一部

図 8.1　ユーザビリティの構成要素と関係（JIS Z8521:2020 図 1 より引用）

　つまり，この枠組では，対象としている人工物に対してユーザの利用の状況はどうなっていて，そして，ユーザの意図する目標が何かがわからなければ，目標達成の度合いがわかりません．まずはこれらの点を，調査に基づいて明らかにする必要があります．

　以上から，ユーザビリティの定義に基づいて評価を行うためにも，ここで示されている構成要素を，事前に明確に理解しなければなりません．そのためにも調査が重要です．

8.3　定量的調査と定性的調査

　調査手法は，**定量的調査**と**定性的調査**に大別できます．これらの基本的な違いは，データの特徴にあります．定量的調査では数量的なデータを扱いますが，定性的調査では数量的なデータを扱いません．

　定量的調査では，社会的な現象に対する事実を明らかにすることを目的とします．調査対象を計測することによって数量的なデータを集めます．データは数量的な比較や統計的な推論を使って分析されます．そして，統計的な分析結果という形式で報告されます．

　定性的調査では，調査対象の根底にある問題や課題についての理由や意見，動機などを理解することを目的とします．手段としては主に観察やインタビューを用います．情報提供者から得られた情報を，テーマに基づいて分析します．データは説明や記述によって報告されます．

8.4　三つの基本手法

　調査の基本手法は大きく三つに分類できます：インタビュー，質問紙，観察です．これらの三つの手法は互いに独立しているのではなく，組み合わせて使われることもあります（図 8.2）．以下では，これら三つの基本手法について説明します．

8.4.1　インタビュー

　インタビューとは，目的をもった会話のことです．具体的には，口頭による聞き取

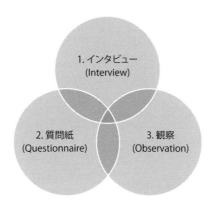

図 8.2　調査の基本手法の関係

り調査を意味します．質問をする人は**インタビュア**と呼ばれ，質問をされる人は**インタビューイ**と呼ばれます．インタビューイより回答として得られた発話内容を分析することによって，対象を理解します．ユーザインタフェースやインタラクションをデザインする場合には，主たるインタビューイはユーザになります．ただし，設計開発の対象である人工物について総体的に理解するためには，ユーザをとりまく人々など様々な関与者（ステークホルダ）に対してインタビューを行うことがあります．

（1）　構造

インタビューの種類を分類する着眼点として，インタビューの構造があります．

- 構造化インタビュー：あらかじめ決めておいた質問項目について問い，話してもらう．
- 非構造化（オープン）インタビュー：質問項目を決めずに，自由に話してもらう．
- 半構造化インタビュー：事前に大きな項目を決めておき，その質問に基づいて，臨機応変に問い，話してもらう．

一般には半構造化インタビューの形式がとられます．

インタビューでは会話をするだけですので，とても簡単そうに思えます．日常的に

も多くの人が世間話を行うのではないでしょうか．しかし，通常の世間話には会話の目的はありません．会話をすること自体が目的です．これに対してインタビューでは，目的をもって聞き取りを行います．つまりインタビュアには，聞き出したい項目があります．

　目的をもって会話を行うことは容易ではありません．インタビューイには，話者として以下のような特性があります．

- 話を要約する：例えば「昨日は何をしましたか」と尋ねた場合，多くの場合「遊園地に行きました」というように答えます．通常は「朝 6:00 に起きて，朝ごはん用にパンを焼いて，……」というようには説明しません．すなわち細かい部分は説明しません．
- 話が不完全である：誰もが時系列的に整理し，系統立てて話すわけではありません．通常は途中から話を始めたり，部分的に話を飛ばしたりします．
- 例外を除去する：実際には例外がある場合があったとしても，公式で正しいとされる部分しか話しません．例えば，仕事で守るべき手順が示されているときに，一部を省略したほうが速く進められるといった工夫を行っていたとしても，それを積極的に説明することはありません．
- 話を変化させる：意図の有無にかかわらず，実際とは異なる話をすることがあります．正確に記憶していなければ話のつじつまが合うように間を想像でつなぎます．また，話が面白くなるように誇張することもあります．

（2）　インタビュー例

　インタビューの実際の状況について，樽本[68] から例をみましょう．

　以下の例では，インタビュアとインタビューイとのやりとりを示しています．インタビュアはユーザビリティの専門家で，カーナビについて調査しています．インタビューイはカーナビのユーザです．

　悪い例と良い例には，インタビューの特徴としてどのような違いがあるか考えながら読みましょう．

悪い例

インタビュア（以下，イ）：山本さんは普段，どのようなときにカーナビを使うの

ですか？

ユーザ（以下，ユ）：よく知らない場所に行くときや，遠出するときですね．

イ：それ以外にカーナビを使うことはないのですか？

ユ：近場や知っている場所に行くときには使わないですし……，ああ，ときどき，ガソリンスタンドやコンビニを探すこともありますね．

イ：つまり，山本さんのカーナビの主な利用場面としては，よく知らない場所へ行くとき，遠出するとき，ガソリンスタンドやコンビニを探すとき，ということになりますね．

ユ：（少し首をかしげながら）まあ，そういうことですかね……

イ：では次に，山本さんがよく使う機能を教えてください．

ユ：私は本当に基本的な機能しか使っていません．目的地を探してルート案内を開始するだけです．

イ：経由地設定の機能は使わないのですか？

ユ：すみません，「経由地設定」って，どんな機能のことですか？
　　インタビューアが説明する．
　　（以下，省略）

次に，これと比較した場合に，より良い例を示します．

良い例

インタビュア（以下，イ）：山本さんは普段，どのようなときにカーナビを使うのですか？

ユーザ（以下，ユ）：よく知らない場所に行くときや，遠出するときですね．

イ：「よく知らない場所」とはどんな場所のことですか？

ユ：新しくできたお店や，名前だけ知っているような場所のことです．

イ：最近，そういった場所にナビを使って行ったという経験はありますか？

ユ：ええ，この連休に家族で……
　　―中略―

イ：今のお話の中で，「電話番号で検索するとだいたいの場所しか出なかった」とおっしゃっていましたが，それでも無事に到着できたのですか？

ユ：店のチラシに簡単な地図が出ていたので，おおよその場所はわかっていまし

た．そこで，ナビの地図を拡大して場所の目星を付けました．斜め向かいに公園があるのを憶えていたので，すぐにわかりました．

イ：ところで，店に到着した後はどうなさったのですか？

ユ：実は，店の駐車場がいっぱいだったので，ナビで近くの駐車場をいくつか探したのですが，行ってみると全部埋まっていました．結局，周りを走っている間に，新しくできたコインパーキングを見つけて停めることができました．
（以下，省略）

これらの二つのインタビューの違いに気づきましたか．

悪い例では，事前に用意したフローに基づいて，矢継ぎ早に質問を切り替えています．インタビューにおける会話の文脈に沿って質問を展開していません．一方で良い例では，インタビューイの発話内容に基づいて，インタビュアが質問を行っています．したがって，文脈に沿った質問を展開しています．

構造化インタビューでは，事前に用意した質問について回答を得ることを重視しますので，悪い例に挙げたような状況になる傾向が強くなります．この場合，インタビュアとインタビューイに，社会的な関係性があらかじめ構築されていなければ，表面的な質問と応答になり，十分な情報を引き出すことができません．

また，半構造化インタビューでも，インタビューに不慣れなインタビュアは，事前に用意している質問を問いかけることに注力してしまい，悪い例のような状況に陥ることがあります．半構造化インタビューでは，事前に用意した質問以外にも自由に質問を追加することができるのですが，不慣れなインタビュアは次に問うべき質問を作り出すことに精一杯で，会話の文脈に沿ってインタビューイの発話を理解できません．したがってインタビュアは，本番のインタビューを行う前に質問の練習をしておくことが望ましいでしょう．そうすることによって，質問を作り出すことよりも，ユーザの話をじっくり聞いて，その中から質問を見つけ出すという態度でインタビューに臨むことができます．

8.4.2　質問紙

質問紙による調査は，一般に使われている用語では「アンケート」と呼ばれています．ここでは，設問を記述した用紙を配布して対象者に回答してもらいます．回収

した用紙に記述された内容を分析して，調査の目的に必要な情報を抽出します．最近では，物理的な紙ではなくオンラインで実施することも増えています．

　質問紙調査と呼ぶ場合には，通常は定量的調査を想定しています．前述したように，調査対象者から回答を数量的なデータとして得て，それを統計的に分析します．

　また，多くの質問紙には定性的な表現で回答する欄を設けることがあります．自由記述の設問です．このような設問があれば，事前に数値化して選択肢として挙げられていないような回答を得ることができます．一方で，自由記述の回答は内容の分析をすることが容易ではありません．紙による質問紙に手書きで回答を得た場合には，結果を分析しやすいように電子化するだけでも多くの手間がかかります．さらに，電子化した後でも，記述内容を理解して分類したりする作業に，非常に多くの時間がかかります．

リッカート尺度

　設問を数量化する代表的な手法として，リッカート尺度があります．例えば，5 段階の評価段階を用意して，それを数値として答えてもらいます．

　リッカート尺度の質問紙では，設問を宣言文で用意します．その宣言文に対して，同意の程度や主観の程度を示す尺度項目を用意します．通常は，中立となる中間の選択肢（例：どちらともいえない）を用意して，同意の方向と非同意の方向とに同じ数の尺度項目を対称的に設定します．

　リッカート尺度によって表現された設問の例を図 8.3 に示します．この例では「3D

設問：3Dプリンタの所持には，法的な規制をかけるべきである

図 8.3　リッカート尺度によって表現された設問の例

プリンタの所持には，法的な規制をかけるべきである」という文[2]に対して，「どちらともいえない」を中立な尺度値として，同意の方向に 2 値（そう思う，強くそう思う），非同意の方向に 2 値（そう思わない，全くそう思わない）を配置しています．回答者には，五つの中から自らの意見に最も近い値を一つ選んでもらいます．そして，「強くそう思う」に 5，「そう思う」に 4，「どちらともいえない」に 3，「そう思わない」に 2，「全くそう思わない」に 1 を割り当てることによって，回答の数量化を行います．

8.4.3　観察

　ユーザの利用状況について検討するときに，会議室に集まって議論するだけではわからないことがあります．インタビューを行う場合でも，インタビューイに会議室へ来てもらって話をするだけでは，インタビューイが仕事や生活を行っている環境の細部について明確にはわかりません．このような場合には，その環境に出向いて対象を直接見て確認するほうが容易に理解できます[3]．

　現場の**観察**を重視している調査手法に関連する技術を，以下で説明します．

(1)　エスノグラフィの手法
　エスノグラフィとは，フィールドワークの一種であり，ユーザがいる「現場」に調査者が直接出向いて，自らの五感を駆使しながらユーザを観察し，物事の実態を確かめる手法です．エスノグラフィで使われる観察や各種のデータ記録の方法は，観察における手法として大きく参考になります．

　本来のエスノグラフィは，調査者が現地において体験した生の異文化を，記述という表現で報告することを目的としています．ここでは，なるべくデータの解釈をせずに，ありのままに記述します．異文化を対象としていますので，遠く離れた密林の中で他の文化による接触を拒んで生活を営んでいる人々，といったようなイメージで対象者を考えるかもしれませんが，実際には私たちの身近なところに，様々な

---

2)　この文は疑問文ではないことに注意してください．「3D プリンタの所持には，法的な規制をかけるべきですか」という疑問文を用意した場合には，回答の選択肢は二者択一（はい/いいえ）となってしまいます．
3)　古いテレビドラマでもありましたが，「事件は現場で起きている」のです．

異文化があります.

　例えば，仕事をした経験がない人（典型的な学生）にとっては，仕事をしている人は異文化に属しています. 職種や企業，部署によって，それぞれに独自の文化があります. 所属する組織やグループが異なれば，行動様式や言葉（専門用語や略語など），常識や基礎知識，重要だと思うこと，服装，使う道具や情報，データなどが大きく異なります. 私たちの周りは異文化だらけなのです.

　最近では，エスノグラフィの手法は，コンピュータシステムの設計にも使われます. システムを開発するということは，対象を十分に理解して，それに適合したり，より良くしたりするためのデザインを検討することです. つまり，異文化を調査するというエスノグラフィの手法は，このために適しているといえるでしょう. 過去には，航空管制システムのデザインにエスノグラフィの手法が使われた例があります. HCI 分野にエスノグラフィの手法を導入した先駆者は Suchman です. 彼女は 1980 年代当時 Xerox PARC に所属しており，ここでコピー機を使う人々を観察して記録し，分析する活動を通して，コピー機を使うという一見すると簡単そうに思える操作がいかに難しいかを明らかにしました[66].

（2）　自然観察

　「研究をするには，自然のままの状態が最も適している」という考え方があります. これを**自然観察**といいます. 自然観察は非干渉的な調査の手法です. この背景には，調査すること自体が調査対象に影響を与えてしまうという課題があります. 例えば，質問紙調査に答えたり，実験に参加する行為そのものが，すでに被験者の振る舞いに影響を与えてしまっています.

　身近なわかりやすい例として，学校での授業参観があります. 授業参観には，学校の場には通常いない大人（先生でない大人）が現れて観察を行います. すると子どもは，通常とは異なった態度をとります. 普段静かだった子どもが急に手を挙げて質問に答えたり，逆に普段元気な子どもがとても静かになったりします. いずれも，大人の関与によって子どもの行動様式が異なっている例です. 授業参観時の様子だけでは，学校での普段の子どもの様子を正確に理解することは困難です.

　自然観察を効果的に行う手段として，ビデオカメラを用いることがあります. 観察対象者の場に，許可をとって目立たないようにカメラを設置します. 調査者が現

場で観察している場合と比べて，自然のままの振る舞いを見せてくれる可能性が高くなります．

8.4.4 文脈における質問

ユーザの利用状況について調査してまとめる現実的な手法では，これまでに説明した三つの基本手法：インタビュー，質問紙，観察を組み合わせて使います．

このような複合的な手法のうち，人間中心設計の分野では**文脈における質問** (contextual inquiry)[27] が有名です．

文脈における質問には，以下の三つの基本概念があります．

パートナーシップ：ユーザをデザイン開発のパートナーとみなし，ユーザに弟子入りするつもりで話を聞く．

コンテクスト：ユーザが道具を使って仕事をしているその場で質問を行う．

フォーカス：調査の焦点だけを決めておき，質問リストは使わない．

文脈における質問では，調査者と調査対象者という関係ではなく，システム開発におけるパートナーという関係だと考えます．システム開発を行う目的で調査を行う場合には，調査者の力が強くて調査対象者の力が弱いと誤解されてしまうことがあります．システム開発において様々なデザインを具体的に決めることができるのは作り手側であり，調査者は作り手側に立っているとみなされるからです．作り手側はシステム開発における専門家であり，使い手側はシステム開発については一般には素人です．このとき，作り手と使い手という関係でそれぞれが対立してしまうと，有益な情報を調査対象者から引き出すことができなくなってしまいます．結果として良いシステムを開発することができず，双方にとって不利益となります．

そこで，文脈における質問では，双方がシステム開発におけるパートナーという関係であることを認識します．さらに，調査においては，師匠と弟子という関係をとり，弟子が師匠から仕事を教えてもらうという立場をとります．ここでの師匠は調査対象者であり弟子は調査者です．調査対象の領域においては，調査対象者こそが専門家であり，調査者は素人だからです．

次に，文脈における質問では，調査対象者の仕事の場でインタビューを行います．通常のインタビューは会議室に調査対象者を招いて実施されることがありますが，

この場合には仕事を中断してまとまった時間をインタビューのために特別に用意しなければなりません．仕事の現場で活躍している人ほど忙しく，このような特別な時間をとることが難しいため，インタビューを断られることがあります．また，前述したように会議室は通常の仕事場からは隔離された空間ですので，仕事の状況を適切に説明することが難しくなります．調査対象者の仕事の場に調査者が訪れることによって，利用の状況（ユーザ，仕事，設備，環境）を観察し理解することが可能になります．

　文脈における質問では，仕事の全体像などの全体的な理解を深めるために，一般的なインタビューも行いますが，この手法特有のアプローチとして，調査対象者に仕事をしてもらいながら質問を行います．調査対象者が実際に取り組んでいる仕事を見ながら，疑問に思ったことを割り込んで教えてもらいます（このために，前述した師匠と弟子の関係となります）．このような形式でインタビューを行うことによって，仕事の状況下で，調査対象者がおかれた文脈に沿った対象の理解ができるようになります．

　また，質問を行う場合には，構造化インタビューのように事前に質問項目を決めておいて，そのとおりに質問するという方法はとりません．そのかわりに，調査の焦点を決めておいて，それに合うように柔軟に質問を行います．ここでの焦点は，開発対象システムやそれを実現するための仮説になります．質問時には深い解釈は行わず，分析や解釈は次の段階で行います．

　なお，文脈における質問では，調査結果を表現する方法と分析する方法についても様々な説明を行っています．詳しくは Holtzblatt and Bayer (2016)[27] を参照してください．

第 8 章　演習問題

1. 8.4.1 項の (2) で挙げたインタビューの悪い例と良い例について，それぞれの特徴を整理してみよう．
2. 次の論文 Pettersson *et al.* (2018)[55] を読み，HCI 分野で（特にユーザエクスペリエンスに関して）使われる代表的な調査手法を挙げてみよう．
3. 図 8.2 の三つの手法の交差部分に着目して，新しい調査手法を提案してみよう．

第 **9** 章

利用状況の理解および明示：
調査の実践

第 8 章では，利用状況の理解および明示における基本手法として三つの手法（インタビュー，質問紙，観察）を説明しました．本章では，これらの手法を実践する上での検討事項を説明します．

9.1 インタビューの実践

この節では，インタビューを実践するときに検討しなければならない課題とその考え方を説明します．

9.1.1 対象者として誰にインタビューするか

まず，インタビューを行う上では，対象者として誰を選ぶかが問題となります．インタビュー対象者は，インタビューの目的によって決まります．

これから新規に開発する製品に対して，ユーザの使用環境やおかれた状況を調査するために行うのであれば，潜在的なユーザ候補になる対象者を選びます．類似した製品をすでに使用している人がいれば，さらに望ましいと考えられます．既存製品の問題点を明らかにできるため，それを製品開発に反映させることができるからです．

すでに開発された製品を改善する目的で評価のために行うのであれば，実際にその製品を使っているユーザを対象とすべきでしょう．

以上のように，インタビューの目的に基づいて対象者を決めます．

9.1.2　対象者をどうやって見つけるか

インタビュー対象者が決まったら，インタビューを依頼するために，具体的な対象者を見つける作業に入ります．製品の改善の場合には，その製品を使っているユーザが明確ですので，見つけて依頼を行います．

製品の新規開発の場合には，その製品のユーザは存在しません．したがって，将来的にその製品を使う可能性があるユーザを見いだしてインタビューを依頼します．開発対象が受注生産品であれば，それを発注している顧客の組織に将来のユーザがいるはずです．したがって，顧客にインタビュー対象者を選んでもらうことも考えましょう．また，一般的な製品で，類似していたり競合していたりする製品があれば，そのユーザを対象にしてインタビューを依頼してもよいでしょう．

9.1.3　その他に注意すべきポイント

（1）　時間と場所

事前に日時と場所を決めてインタビューイに連絡します．

このためにはインタビューにかかる時間を事前に見積もっておく必要があります．現代の人々は仕事や趣味に忙しいので，1 日がかりのインタビューは現実的ではありません．だからといって短時間すぎては，目的の情報を得ることが難しくなります．まずは 1 時間から 2 時間を目処に時間を見積もり，インタビューイの許す時間に合わせて調整するとよいでしょう．

インタビュー場所としては，次のような可能性が考えられます．

- インタビュアがインタビューイの所（オフィスや家庭，製品を使用する場所など）へ出向く
- インタビューイがインタビュアの所（会議室など）へ出向く
- 双方が第三の場所（喫茶店など）へ出向く

インタビューでは，インタビューイに実際に対面で会うことが望ましいといえます．対面で会えば，電話やオンラインミーティングシステムでは知ることができないようなユーザに対する豊富な情報が得られるからです．例えば，対面の場合には

試作品を持参して使ってもらうことができます．試作品を見せたときにすぐに手に
とって使うかどうかで，好奇心が強いのか，慎重に物ごとに対処する性格なのかと
いった，ユーザ個人の特性を把握することができます．口頭では「好奇心が強いで
す」と言いながら，実際にはそうでない人もいますので，こういった観察ができるの
は対面ならではといえるでしょう．また，対象製品やシステムに関する実際のユー
ザであれば，その製品やシステムを使用している場でインタビューが実施できれば，
使用の場の観察調査もあわせて実施することができます．使いながら話を聞くこと
も可能になります．

(2)　謝礼の有無

　インタビューへの協力に対して謝礼を渡すかどうか慎重に考える必要があります．
　調査の予算によっても判断が変わります．予算が潤沢にあれば謝礼を支払うこと
を念頭においてインタビューを計画しても構いませんが，予算がないのであれば謝
礼なしでできる範囲のインタビューを実施するしかありません．
　謝礼に基準はありませんが，純粋な科学研究としてインタビューを行う場合より
も，商用製品の開発の一部としてインタビューを行う場合のほうが，一般的に高め
に設定されているようです．
　授業の一部として学生によるプロジェクトで行うようなインタビューでは，無償
で協力してもらえることもあります．薄謝として金券に相当するもの（クオカード
や Amazon ギフト券など）を渡すこともあります．無償でインタビューを引き受け
てくれた場合でも，インタビュアがインタビューイの所へ出向く場合には，ささや
かな菓子折りを用意して渡してもよいと思います．インタビュアとインタビューイ
との良好な関係を築くためにも有効です．
　謝礼の有無は，インタビュー対象者が見つかりやすいかどうかにもかかわってき
ます．非常に限られた職種のユーザを対象にインタビューを行いたい場合には，そ
もそもインタビューを受けてくれない可能性もあります．それでもインタビューを
実施したい場合には，ある程度の金額の謝礼を支払うことが現実的なアプローチと
なります．
　現在はインタビュー対象者を有料で仲介してくれるようなサービスがありますし，
インタビュー自体を有料で代行するリサーチ会社もあります．予算によっては，こ

のようなサービスを活用することも可能でしょう．

　謝礼を支払ったからといって，礼儀を軽視してよいわけではありません．インタビューイは貴重な時間をとってインタビューに応じてくれていることを忘れずに，人としてのリスペクトを忘れないようにしましょう．

9.1.4　ラポールの形成

　インタビューでは，インタビューの目的にあわせてインタビューイから情報を引き出す必要があります．

　インタビュアとインタビューイとの間で，ある程度の信頼関係を築き上げなければなりません．インタビューイがインタビュアに対して警戒していると，会話を通して情報を提供してくれないからです．会話を通してインタビューイが「話すべき価値がない相手だ」と判断した場合には，それ以降の会話で情報を引き出すことが難しくなります．

　相互に十分に心が通い合った状態で信頼関係が気づかれている状態を，心理学の用語で**ラポール**と呼びます．ラポールを形成することは，効果的なインタビューを行うためにとても重要です．

　相互に良好な関係を作るために，様々な工夫をする必要があります．菓子折りを持参したり，お茶やコーヒー，お菓子を出したりするのは，関係づくりの手段の一つであり，比較的障壁の低い第一歩です．あめ玉を渡したりすることも同じような効果があります．

　インタビューイの仕事や趣味などについて，事前に調査をすることも有効です．近年では，SNS やインターネットのホームページを通して，仕事の内容や趣味の活動を公表しているケースがあります．その場合には，良好な関係を作るための第一歩として，このような話題を世間話に入れることも有効です．ただし話題にして反応が良くない場合には，話題を変えるなどの臨機応変な対応が必要です．

9.2　質問紙の実践

9.2.1　どのような質問を用意すべきか

　第8章では，質問紙には定量的な質問項目と定性的な質問項目があり，主として前者の定量的な項目を扱うと述べました．そして，定量的な質問項目の表現例としてリッカート尺度の例を示しました．調査結果を統計的に処理する場合には，リッカート尺度の形式で設問を用意することが基本です．

　設問内容については，第13章でも少し説明しますが，SUS (System Usability Scale) に代表される各種の評価項目が公表されているので，これらを参考にして調査目的に合った質問項目を作成すればよいでしょう．

9.2.2　手段を選ぶ：紙かオンラインか

　現在でも一般的には，紙に印刷した質問紙を使って質問紙調査を行います．インターネットと，スマートフォンやタブレットが広く普及したことから，オンラインで入力してもらう質問紙を使う機会も増えてきました．

　オンラインで入力してもらう場合には，次のような利点があります．

- ●質問紙の配布と回収にかかる負担が小さい．
- ●地理的に離れた多くの人に回答してもらえる．
- ●結果の集計を自動化できる．

　現在では，質問紙調査をオンラインで実施するための専門のサービスが多数あります．また，一般的なインターネット上のサービス（例えば Google forms や Microsoft forms）を使ってオンラインでの質問紙調査を簡単に実施することもできるようになりました．一方，オンラインで実施する場合には，次のような欠点があります．

- ●コンピュータやインターネットを利用していない人は回答してくれない．
- ●オンラインでは回答を希望しない人が現れる．
- ●回答の品質が保てない可能性がある．

　スマートフォンやタブレットを使ってオンラインで回答を入力してもらう場合，特に高齢者層や低若年者層には入力してもらえない可能性があります．また，情報セキュリティに関する心配から，紙であれば回答してもオンラインでは入力を敬遠するような人も出てきます．このような観点から，オンラインで質問紙調査を実施した時点ですでに回答者に偏りが出てしまいます．

　さらには，オンラインでは回答者が適切に回答してくれない可能性もあります．質問紙のデザインによっては，回答者が手軽に入力できることから深く考えずに素早く選択だけを行ってしまったり，回答を誤って選択してしまったりすることがあります．つまり，オンラインによる質問紙のデザインや回答者が使っているスマートフォンのユーザビリティの問題の影響です．このような問題は，質問紙を印刷して実施する場合には通常は生じません．

　このような傾向は，不特定多数の人に回答を依頼するような場合には，より強く表れてしまうかもしれません．

9.3　その他の手法

　ここでは，インタビューや質問紙，観察の手法と組み合わせて使用できる，その他の調査法を説明します．

9.3.1　ダイアリー・スタディ

　ダイアリー・スタディ (diary study) とは日記や日誌を活用する調査手法です．調査対象者が日記や日誌をつけていれば，それを提供してもらって分析し，調査者が求める情報を入手します．もしそのような適切な資料がない場合には，調査者が調査対象者に日記や日誌をつけるように依頼します．

　ダイアリー・スタディでは，調査対象者が自身を自ら調査して記録をとることに相当します．したがって，調査者が直接実施する形式の観察やインタビュー，質問紙がもつ課題を解決できる，次のような可能性があります．

- 長期間に及ぶ調査を実施できる．
- 多数の調査対象者からデータを得ることができる．

- 同時並行に発生する出来事を調査できる.
- 地理的に離れた多くの人に回答してもらえる.
- プライベートな内容を調査することも可能である.

　この手法には，安価に大規模な調査ができる可能性があります．その一方で，調査対象者が記録をとるということは，調査データの質を保つことが難しいという新たな課題を生みます．調査対象者は調査の専門家ではありませんし，調査の目的を十分に理解して記録をとってくれるとは限りません．忙しければ記録をとる時間はなくなってしまうでしょう．このような理由から，調査者が現地へ赴いて，本人の五感を使って得ることができる豊富な情報に比べると，どうしても質の点でカバーできない部分が出てしまいます．調査者が調査の過程で生じた気づきをもとに，着眼点や記録をとる対象を柔軟に変化させる，といったことはできません.

　記録をとるという行動が，それまでの生活のスタイルを変化させてしまう可能性もあります．このようなリスクも十分に理解した上でこの手法を選択する必要があります．課題を十分に把握した上であれば，費用と規模の面で，非常に有効な手段だといえます．特に，記録手段としてスマートフォンが活用できれば，広範囲の調査を実施できるという可能性が出てきます.

9.3.2　経験サンプリング

　経験サンプリング (experience sampling) とは，調査対象者が日常生活を送っているときに時間を指定して，そのときの思いや感情，行為・行動，環境などの情報を報告してもらう手法です[40]．この手法は元来，人々の幸福度の変化を長期間にわたって調査するために考案されました．報告を求めるタイミングを指示するために，過去にはポケベル（メッセージ受信機能をもつ専用端末）やアラーム機能付きの時計を使っていました．調査対象者は指定されたタイミングで，事前に調査者から指示されていた項目を自己報告します．例えば調査対象者は，記録用紙を持ち歩いて，計測時間であることが知らされると，事前の指示に基づいて自ら記録用紙に記入します．現在では，スマートフォン1台で時刻の指示と記録用紙の役割を兼ねることができるでしょう.

　写真を撮影するという手段で，記録用紙に対する記入の負荷を下げる方法も考え

られています．例えば Go (2007)[14] では，**フォトダイアリ** (photo diary) という
手法を提案しています．フォトダイアリとは，調査対象者に対して指定時間に写真
を撮る課題を与える調査法です．指定されたタイミングでの，調査対象者の周辺の
環境や状況と，生活の様子を調査する目的で提案されました．撮る対象や構図を調
査対象者が判断することができるためプライバシーへの配慮も可能であり，かつ，装
着型の小型カメラによるブレなどの当時の技術的限界を解決できる，現実的かつ実
用的な調査法だといえます．一方で，写真を撮る作業によって記録についての負荷
は小さくなっていますが，ダイアリー・スタディの手法がもつ課題は残されていま
す．実際に**フォトエッセイ** (photo essay) では，写真でカバーできない部分（本人
の思いや感情，行為・行動の説明）を説明記述によって記録します．したがって，こ
れらの課題を十分に把握した上で適切な手法を使用するとよいでしょう．なおこれ
らの手法は，11.3 節で述べる文化プローブと組み合わせて使用することができます．

第 9 章　演習問題

1. スマートフォンの使用状況を調査する質問紙を作成してみよう．具体的には，ス
   マートフォンの 1 日の使用時間を調査して，男性と女性との平均使用時間で長い
   ほうを統計的に決定するために十分な質問紙を設計してみよう．
2. 現在使用しているスマートフォンに関する満足度をユーザから調査するための質
   問紙を設計してみよう．
3. 上記の質問紙調査を Google forms または Microsoft forms を使って実施して
   みよう．
4. スマートフォンを使ってフォトダイアリを作成してみよう．具体的には，ある休
   日のあなたの 1 日を 1 時間刻みで写真を撮り，そのときに何をしていたか説明
   してみよう．

ユーザ要求事項の明示

ユーザ要求事項の明示の段階では，利用状況の理解および明示の段階で把握した要求をもとに，設計で解決すべき問題の定義を行います．本章では，ヒューマンコンピュータインタラクション (HCI) の観点から，問題の定義について議論します．

10.1 ユーザ要求事項の明示の活動

「利用状況の理解および明示」の段階で定義されたユーザと関連組織の要求事項を分析し，ユーザの立場に立った要求仕様を決定します．ここで定義された要求仕様が，その後の段階で進められる設計の土台となりますので，とても重要な作業です．

要求事項とは「何を作るのか」を示したものです．製品をデザインして開発するときに，作る対象が何であるかを明確に理解して，開発にかかわる人々の間で共有することは，簡単ではありません．

特に，ユーザにとって使いやすい製品を開発することを考えると，ここでの目的は「欲しい機能」をリストとして挙げることだけにとどまらず，ユーザ視点での使用時の品質も検討しなければなりません．

ヒューマンコンピュータインタラクションの観点では，ユーザ要求事項の明示における目的は次の二つに大別できます．

1. ユーザによる目標達成を支援するようなシステムを開発するために，ユーザ，

　　ユーザの活動，その活動の文脈をできるだけ多く理解する．
2. デザインを開始するために確固とした基礎となる要求事項を生成する．

10.2　要求の種別

　要求は，機能要求と非機能要求に分けることができます．

　機能要求 (functional requirements) とは，開発するシステムが何をするか，を表現したものです．機能要求は，「（システムは）……しなければならない」という記述で表現されます．また，機能に対する入力と処理，出力という 3 項組〈入力，処理，出力〉を用いて表現することもあります．

　これに対して，**非機能要求** (non-functional requirements) とは，機能要求以外の要求を意味します．このような要求には，信頼性や安全性といった，システムによって供給される特定の機能には直接関与しないものがあります．また，ユーザ要求を直接反映するものではなく，機能を支えるために派生的に定義されるものがあります．このような非機能要求には，開発に関する「制約」などが含まれます．

　例えば，開発予定のゲームアプリを考えます．ここで「様々なレベルのユーザがプレイできなければならない」という記述は，機能要求に相当します．このような「……しなければならない」という表現の要求が多数考えられます．

　一方で，「各種のプラットフォーム (iPhone, Android) で実行できること」や「6 ヶ月以内に出荷できること」という記述は，非機能要求に相当します．前者はシステム自体に関する要求であり，後者は開発プロセスに関する要求です．いずれも機能に関する要求とは異なります．このような機能要求以外の要求が多数考えられます[1]．

　なお，ソフトウェア工学の分野には，仕様書の国際標準があります．IEEE-STD-830-1998[29] には，要求仕様の標準が定められています．要求仕様として記述すべ

---

1) 国内のソフトウェア業界では，要求と要件を使い分けることがあります．使い分けている場合には，要求とはユーザや顧客が開発予定のシステムに対してもっている希望や願いを指し，要件とはそれを開発者が実現すべき機能として定義したものを意味します．いずれも英語では requirements で表されています．

き項目が挙げられており，各項目を書くべき章と節が挙げられています[2]．以下に，IEEE-STD-830-1998 の一部を抜粋します．

要求仕様書 IEEE-STD-830-1998（抜粋）

1. はじめに
    1.1 目的
    1.2 適用範囲
    1.3 用語の定義
    1.4 参考文献
    1.5 概要
2. 全体説明
    2.1 製品の概要
    2.2 製品の機能
    2.3 ユーザ特性
    2.4 制約事項
    2.5 前提条件
3. 詳細要求項目
    3.1 外部インタフェース
    3.2 機能
    3.3 性能要求
    3.4 論理 DB 要求
    3.5 設計制約
    3.6 ソフトウェア特性
        （中略）

付録
索引

---

2) IEEE-STD-830-1998 はその後に更新され，変化する要求やステークホルダの要求を考慮した IEEE-STD-29148-2011[30] にまとめられています．

　指定された国際標準に基づいて仕様を作成する利点として，次の点が挙げられます．まず，要求仕様文書の中で各要求項目が書かれている章と節が指定されているため，要求仕様書の記述量が多くなった場合でも，参照すべき項目をすぐに見つけ出すことができます．この点は，要求仕様書を記述する人とそれを参照する人が別の場合には，記述文書を介したコミュニケーションを円滑にする上で特に効果を発揮します．次に，書くべき要求項目の名称が見出しのように挙げられていますので，要求仕様として記述する項目が何かを，これらの見出しで確認することができます．すなわち，要求仕様文書に対する記述もれの防止につながります．

10.3　インタラクションデザインの観点から検討すべき要求

　製品やシステムにおけるインタフェースやインタラクションをデザインするという観点で，検討すべき要求項目として，以下が挙げられます．

1. 機能要求：開発対象は何を実現するのか（必須項目）
2. データ要求：データの型，上限と下限，サイズ / 量，永続性，精度，価値など
3. 環境要求：利用状況 (context of use) に相当
4. ユーザ特性：ユーザの能力や技能など
5. ユーザビリティ目標：効果，効率，満足

　ここで，環境要求には，物理環境（照明，雑音，振動，ほこりなど），社会環境（共同・協調作業など），組織環境（ヘルプ，トレーニングの有無，組織の階層関係など），技術環境（技術インフラ，互換性の確保など）が含まれます．

人間中心設計に関する国際標準での要求事項

　人間中心設計に関する国際標準 ISO9241-210 では，要求事項として次の 5 項目を指定しています（日本語での記述は JIS Z8530:2021 に基づく）．

1. 想定される利用状況
2. ユーザニーズおよび利用状況から抽出する要求事項
3. 関連する人間工学およびユーザインタフェースに関する知識，規格および指針

による要求事項

4. 特定の利用状況において測定可能なユーザビリティの効果や満足の基準を含む
ユーザビリティに関する要求事項および目的

5. ユーザに直接影響を及ぼす組織要求から抽出する要求事項

　例えば，上記の 2. では，対象の製品を野外で利用するかどうか，という項目が含まれます．また 3. では，アクセシビリティに関する国際標準に準拠しているかどうか，という項目が含まれます．4. では，想定するユーザの 90% が着信した電話をボイスメールにうまく転送できること，またはウェブページの審美的なデザインに対してユーザの満足が基準点以上を達成すること，が例として挙げられます．5. では，コールセンターのシステムが顧客からの問合せに対してある制限時間内で回答しなければならないこと，が例として挙げられます．

10.4　要求の表現

　ここまで要求項目について議論しました．対象の製品やシステムの特徴を明確化する上で必須となる要求は機能要求だといえます．

　一方で，利用状況の理解および明示の段階，すなわち要求の把握の段階では，利用者や対象者を，活動・環境・状況を含めて正しく知るという活動を行いました．したがって，この段階で明らかになったことを文書化して，後に続くデザインと開発の段階にかかわる人々と共有する必要があります．インタフェースやインタラクションをデザインするという観点では，これらの情報が特に重用視されるため，有効な表現方法が研究されてきました．

　利用者や対象者，すなわちユーザの表現としては**ペルソナ** (persona) が，活動・環境・状況の表現には**シナリオ** (scenario) が，代表的な方法として挙げられます．以下では，ペルソナとシナリオについて少し具体的に説明します．

　さらに，活動・環境・状況の表現として，シナリオにかかわりの深い表現の**ユースケース** (usecase) と，分析手法である**タスク分析** (task analysis) を説明します．

10.4.1　ペルソナ

ペルソナ (persona) とは，ユーザ情報を具体的に厳密に定義した表現のことをいいます．通常は，仮想のユーザを具体的に表現したもので，ユーザに対する調査で得られたデータに基づいて作成します．ペルソナの例を図 10.1 に示します．

この例では，富士通キッズサイトのデザイン時に使われたペルソナを示しています．

ここでは，名前と年齢，性別，家族構成，性格が文章によって定義されています．また，生活シーンとして，ペルソナの日常生活における特性が定義されています．さらには写真が付いているのも大きな特徴です．この例の佐藤美咲さんは，実在の人物ではなく調査データに基づく仮想の人物ですので，写真は素材ライブラリから選ばれたものです[25]．

ペルソナは製品開発のプロセスにおいて，開発にかかわる人々の焦点を合わせる道具として機能します．ペルソナはユーザ情報の表現の一つですが，それが具体的な人として存在感があるように具体化することで，人々の共通理解になります．共通理解となれば，関係者の間でのコミュニケーションが効率化できます．説明にか

佐藤美咲ちゃん10歳
（小学校5年生）

家族構成	大手メーカ勤務の父と専業主婦の母，二つ下の妹の4人家族。
性格	明るく温厚でクラスの人気者。学校の宿題はきちんとこなして成績も優秀。 好奇心旺盛で，気になったことは，分かるまで尋ねたり，調べたりしないと気が済まない。
生活シーン	よく遊ぶのは，近所に住んでいる同学年の萌ちゃん。ほかにも，小さい頃から友達だった一つ上の学年の遥ちゃんとも遊ぶ。 近所の友達が通っているので，4年生の頃から一緒に学習塾に通っている。 一応，中学受験をしてみようと考えている。宿題はちょっと大変だけど，塾に行けば違う学校の友達にも会えるし，先生は楽しいし，遊びに行く感覚。 3歳の頃からピアノを習っている。 レッスンで練習するのはクラシックだけど，自分でも楽譜を買って，テレビで流れているポップスや映画の音楽を練習することもある。年に1回発表会がある。5年生からは自分で曲を選べるので楽しみ。 休みの日は，近所の友達の家に遊びに行く。たまに，お父さんの運転で，家族そろってショッピングモールにお買い物へ行くこともある。

図 10.1　ペルソナの例（久鍋 (2008)[25] より引用）

ける時間が削減できるからです.

　ペルソナが定義できれば,すべての開発に関する目標としてこのペルソナを使うこともできます.製品開発の過程で,ペルソナを根拠に機能の選別を行うことが可能です.例えば上記の例では,「その機能は,美咲さんが必要としているか?」と考えることによって,機能を搭載するかどうかの判断が容易になります.ここでは開発者の中に「ユーザ」という表現では感じにくいユーザへの共感が生まれ,実感を伴った機能選別を行うことができます.ペルソナの具体性(名前や写真を含めて)のパワーは,こういった効果を生み出します.

　ペルソナという道具を中心とした様々なデザインに関するアプローチが考えられています.ペルソナをどのようにして作成するか[57],ペルソナをデザインプロセスにどのように活用するか[67],といった検討すべきポイントがあります.

10.4.2　シナリオ

　シナリオ (scenario) とは,ユーザのタスクと文脈の表現であり,様々な定義が行われています.代表的な定義を以下に挙げます.

- 使用法の概略
- 物語やエピソードの形式をとる,ある文脈での時間経過に沿った説明記述
- ユーザが目標を達成するための行動と,そこから得られる事象の時系列記述

　シナリオを具体的に記述するための様々な表現方法があります[53].以降では,ユーザの行動を具体的に表現するシナリオを,**ユーザシナリオ** (user scenario) と呼びます.典型的なユーザシナリオは,自然言語による物語風の表現で記述されます.以下に例を示します.

　　アルバイト代の入力(**物語風のユーザシナリオの例**)
　　　タクヤはパソコンで収支の管理をしている.昨日アルバイト代を受け取ったので,いつも使っている家計簿アプリで,それを記録したい.
　　　タクヤは家計簿アプリアイコンをダブルクリックして起動した.ウィンドウが開き,記録内容の一覧が表示され,現在の残金が ¥12,800 と表示された.タクヤは最後の記録エントリの下にある空白エントリをクリック

し，最近受け取ったアルバイト代の名目「引越荷物運び」と金額「9500」を書き込んだ．

　タクヤは普段から頻繁に行っている作業なので，特に誤りもなくすばやく入力を終えた．

　この例では，タクヤがパソコンでアルバイト代を記録する際の要素を，物語のように描いています．この記述からは，タクヤのおかれた環境（パソコンを使おうとしていること）がわかり，さらに，時間が経過するように順番に記述されていることから，タクヤがどのように作業を進めているかが，読み手にとってわかります．

　さらに物語風のシナリオの特徴として，行間や背景を読み手が自然と埋めるという特徴があります．この例では，タクヤがパソコンを使っている様子が描かれていますが，多くの読者がマウスの上に手を置いて握り，ディスプレイ画面に向かう男性を思い描いたはずです．実際にはこのような具体的な説明は，記述されていません．つまり，書き手と読み手に共通の知識[3]は，シナリオの書き方によって省略することができるのです．私たちは幼少の頃から，物語の表現に親しんでいます．学校では教科書に挙げられた物語を読みますし，楽しみとして小説を読んだりする人も多いでしょう．自分の経験を誰かに伝えたり，他者からその経験を聞いたりするときにも，物語風の形式で共有されます．特別な訓練をしなくても，多くの人々が読むことができる点が，自然言語による物語風シナリオの良い点です．

　一方で，物語のように描くということは，過剰な表現や書きもれがあったり，記述する人によるクセなどの作風があったりするということです．記述の分量が増えれば，読むのに時間がかかり，苦痛に思うかもしれません．このような点は，自然言語による物語風シナリオがもつ欠点だといえます．

10.4.3　ユースケース

　上記で述べたシナリオに似た表現として，ソフトウェア工学の分野で用いられる**ユースケースシナリオ**があります．

　ユースケース (use case) とは，システムと外界とのインタラクションを，ユースケースという単位で記述する表現方法をいいます．ユースケースには，ユースケー

---

3)　常識としてもっている知識．

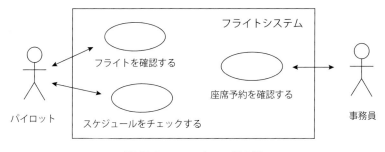

図 10.2 　ユースケース図の例

ス図 (use case diagram) という図的表現があります.

　フライトシステムのユースケース図の例を図 10.2 に示します. 図中には, 中央に四角形に囲まれた三つの楕円があります. その四角形の外側には二つの人型の図が描かれています.

　四角形はフライトシステムの記述範囲示し, その中の三つの楕円がそれぞれユースケースを示します. ユースケースは各々, 機能の単位を表しています. この例の場合には,「フライトを確認する」,「スケジュールをチェックする」,「座席予約を確認する」という三つの機能があります. 外側の人型の図は**アクタ** (actor) と呼ばれます. アクタは, そのシステムのユーザと, そのシステムとやりとりする外部システムを表しています. そして, アクタからユースケースにのびる矢印で, そのアクタがやりとりするユースケースを指定しています.

　ユースケース図はシンプルな表現ですが, 以下のような強力な意味をもちます.

- 開発対象のシステムと機能を可視化する.
- 開発の範囲（何を開発して, 何を開発しないか）を明示する.

　各ユースケースの内容は**ユースケース記述** (use case description) として定義されます.

　ユースケース記述の例を図 10.3 に示します. ユースケース記述では, 記述項目が形式的に決められています. この例では, タイトル, アクタ, 目的, 起動者, 受益者, 初期状態, 最終状態, 主シーケンスがあります. そして必要に応じて, 主シーケンスの代替シーケンスが記述されます.

タイトル：電子メールを送る
アクタ：ユーザ
目的：新規メッセージを作成してメールを送信する
起動者：利用者
受益者：利用者
初期状態：電子メールアプリケーションが起動する
最終状態：電子メールが送信され，メールのコピーが送信済みフォルダに入る
主シーケンス：
1. ユーザが「作成」ボタンを押す
2. システムが新規メッセージウィンドウを開く
3. ユーザがアドレス帳からメールアドレスを選択する
4. ユーザが件名を入力する
5. ユーザが本文を入力する
6. ユーザが「送信」ボタンを押す
7. システムがメールアドレスが入力されていることを確認する
8. システムがメールを送信する
9. システムがダイアログ「メールが送信されました」を表示する
10. システムがメールのコピーを送信済みフォルダに入れる
代替シーケンス：
a. 3. でアドレス帳にメールアドレスがなかった場合
　a1. メールアドレスを入力する

図 10.3　ユースケース記述の例

　ここで注目してほしいのは，基本フローに相当する主シーケンスの記述です．主シーケンスでは，時系列に発生する事象が番号付きの短文リストで書かれています．基本フローに対して例外的な事象があれば，主シーケンスで進んできた処理が分岐することになります．この分岐処理は，代替シーケンスとして主シーケンスとは別に書かれます．

　ユースケースと上記の例で示したユーザシナリオは似た表現ですが，記述が目指している方向性が異なります．ユースケースでは，ユーザやユーザの作業を抽象的に表現します．つまり製品の仕様書のように使う目的で作成されます．これに対してユーザシナリオでは，ユーザやユーザの作業を具体的に表現します．製品の操作事例のような扱いになります．

10.4.4　ペルソナとシナリオの効果

　ここまでに，要求の表現としてペルソナとシナリオ，そしてそれに関連する表現と手法を議論しました．ところで，表現手段としてペルソナとシナリオを製品やシステムの開発に導入するとどのような効果が期待できるのでしょうか．

　現代の製品やシステムの開発は組織で行われ，多数の人々が関与します．開発に関与する人々はそれぞれに専門性をもち，知識と経験が多様にばらついています．また，開発が長期になれば，開発組織から途中で抜けたり，新たに参加したりする人々も現れます．このような多様で変化する組織の中で，開発対象の要求項目を全員が同じように理解して，意識を合わせることは極めて困難です．特に，対象のユーザと，その製品やシステムの利用シーンに対して明確な意識のベクトルを合わせることは難しくなります．この開発組織内のベクトルのずれは，すなわち，ユーザに対する理解の不足や共通認識の欠如からもたらされるものです．ベクトルがずれていた場合には，対象ユーザや利用シーンが絞れていない曖昧な製品やシステムが，結果として開発されてしまうことになります．

　そこでペルソナやシナリオを，表現対象としてこの組織に導入します．前者はユーザを具体化した表現であり，後者は利用シーンを明確化した表現です．これらは，開発組織内のベクトルを一致させる効果があります．うまくベクトルを一致させることができれば，ユーザや利用シーンという観点で開発の焦点化が行われ，製品やシステムに組み入れる機能の効果的な選別を行うことができるようになります．これは，開発における生産性の向上をもたらします．明確なユーザや利用シーンに基づいた製品やシステムは，特定のユーザにとってわかりやすく使いやすいものとなるため，ユーザに対して高い価値を提供することが期待できます．

第 10 章　演習問題 ━━━━━━━━━━━━━━━━━━━━━━━━━━●

1. 成績証明書を発行するシステムをキャンパス内に設置したいと考えます．このシステムのペルソナを作成してみよう．
2. アルバイト代の入力のシナリオ（物語風シナリオの例）において，技術やユーザインタフェースとして具体的に仮定されているものを指摘してみよう．

3. 問題 2 のシナリオを技術やユーザインタフェースとして具体的に仮定されているものを抽象化した上でシナリオを書き直してみよう.

第11章

設計解の作成：アプローチ

本章では，ユーザ要求事項に対応した設計解の作成，すなわち，デザインによる解決案の作成について説明します．ここでは，プロトタイプを作成しながら（すなわちプロトタイピングしながら），問題解決のためのデザインを行っていきます．

11.1 考え方の背景

ユーザ要求事項に対応した設計解の作成の段階では，「ユーザ要求事項の明示」で定まった要求仕様に従って具体的な設計を行い，設計の妥当性を確認します．プロトタイプの設計と（次ステップの）評価を，目標を達成するまで繰り返すことで，人間中心設計の具体化を図ることが目的です．

ここでは，小規模の反復デザインを行います．ISO9241-210 では全体として大きな反復デザインを構成していますが，ユーザ要求事項に対応した設計解の作成の段階だけでも，デザインと評価を繰り返します．そして HCI や HCD の領域では，このデザインと評価を繰り返すために，様々な手法や工夫が考えられています．

この考え方の背景には，発想と表現，評価の繰り返しによってアイデアが発展するという考え方があります．図 11.1 に示すように，人間が思考として行っている概念操作を，表現によって外在化して評価します．そして，その結果が概念の再構成につながります．これを繰り返すことによって，アイデアが発展します．

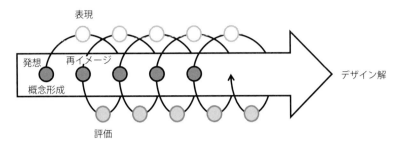

図 11.1　アイデア発展過程の概念図

　人間中心設計の観点での理想は，この発展過程をデザイナや設計者が顧客やユーザとともに体験することにあります．すなわち，インタフェースやインタラクションに関するアイデアを，作り手と使い手が効果的に共創することを目指します．

11.2　人間中心設計での着眼点

　第 8 章と第 9 章では調査の手法について述べ，第 10 章では調査結果を問題として定義しました．調査をして問題を定義できても，自動的にデザインが生み出されるわけではありません．実情としては，デザイン解はデザイナの着想に基づいて生み出されます．そのためにデザイナという専門職があるのです．
　では，この着想において，人間中心設計らしさはどこに表れるでしょうか．ここには以下の 3 点が重要だと考えられます．

- 調査と分析に基づく．
- ユーザの想定を忘れずに取り入れる．
- 多様な関与者が，最終的なデザイン解を作り出すまでの過程に貢献できるようにする．

　ここで第 8 章で議論した，患者と医者の関係を思い出しましょう．医者は，患者から「私はがんです．手術してください」と要求された場合に，要求されたとおりに手術をするとは限りません．調査結果に基づき，医療の専門家として総合的な判断のもとで，治療に適切であれば手術を選択します．これと同様に，デザイナはデ

ザイン領域の専門家として，総合的な判断のもとでデザイン解として適切なデザインを生み出します．

　人間中心設計を実現するにあたっては，いかにして次のような特徴を出せるか，という点が重要です．

1. アイデアが創出されるような調査データを得ること：ここでは，一般人を参加させ，さらにクリエイティブなデータを得ることが重要．
2. 速やかにデザイン解を実現すること：ここでは，デザインを生活の中に位置づけ，さらに複数のアイデアを確認することが重要．
3. 効果的にユーザを参加させること：ここでは，デザイン解を実感できるようにユーザに体験してもらい，さらに的確なアドバイス（評価結果）をユーザから得ることが重要．

　人間中心設計の観点では，後者の二つを速やかに繰り返すことが特に重要になります．

11.3　アイデアが創出されるような調査

　デザイナにとって有効なアイデアの創出を促すような調査手法が考えられています．代表的な手法として，**文化プローブ** (cultural probe) があります．

　1999 年に英国の研究者である Gaver らが，ある地方のコミュニティに属している高齢者と新しい技術のかかわり方を調査したプロジェクトを報告しました[13]．高齢者を「調査対象」として扱った場合，実験室におけるマウスのような役割だと，誤解されてしまうことがあります．このような誤解は，プロジェクトを進める上での阻害要因になりかねません．調査対象者が非協力的になってしまうからです．そこで Gaver らは，高齢者を調査対象者として扱うのではなく，調査する側，すなわち研究者として振る舞えるように工夫しました．具体的には，調査するための様々な道具を作成して高齢者に渡し，それらを使って調査を行って結果を研究者に返却するように依頼しました．この調査道具一式は，文化を調査するための調査道具であることから，文化プローブと呼ばれます[1]．

---

1) **プローブ** (probe) とは実験や計測で対象に接触させたり挿入したりする調査針のことを意味します．

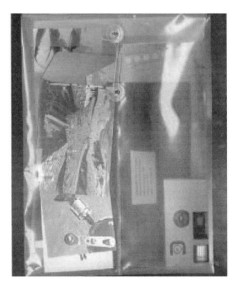

図 11.2   文化プローブの例（Gaver ら (1999)[13] より引用）．使い捨てカメラやポス
トカード，ハガキといった様々なプローブがパッケージとして収められて
いる．

　図 11.2 に Gaver らの文化プローブを示します．調査道具一式には，使い捨てカ
メラや地図，絵ハガキなどが含まれています．それぞれに，使い方が記載されてお
り，高齢者は指示に基づいて調査を行って，それら一式を返送しました．送り届け
られてきたこれらの調査道具一式を研究者らは，形式的な分析対象データとして扱
うのではなく，むしろデザイナのインスピレーションの材料として使いました．

11.4　プロトタイプの種類

　様々なプロトタイプが作成され，使われます．代表的なプロトタイプを以下に挙
げます．

- 動作バージョン
- ビデオプロトタイプ

- （作り込んだ）モックアップ[2)]
- ペーパープロトタイプ
- ストーリボード
- スケッチ
- アイデアの説明記述

　これらのプロトタイプは，**忠実度** (fidelity) という観点でその特徴を説明することができます．忠実度とは製品の最終型にどれだけ近いかを示します．つまり本物らしさの指標です[76]．最終型に近いプロトタイプは**忠実度の高いプロトタイプ** (high fidelity prototype) と呼ばれます．最終型とかけ離れているプロトタイプは**忠実度の低いプロトタイプ** (low fidelity prototype) と呼ばれます．図 11.3 に忠実度の例を示します．左側が忠実度の低いプロトタイプで手描きスケッチ風に表現されています，右側が忠実度の高いプロトタイプで見た目は本物のアプリのように見えます．この例では見た目の説明をしていますが，忠実度は製品の最終型への近さを示しますので，インタフェース要素の機能の実現の程度も忘れてはなりません．すな

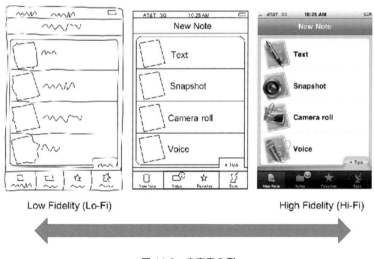

図 11.3　忠実度の例

---

2) 実物に似せた模型のこと．

わち，インタフェースを実際に操作できるかという観点でも忠実度を議論します．

　忠実度によって，プロトタイプの活用方法が異なります．忠実度の低いプロトタイプは，新規のインタフェースを短時間で表現できます．また，細かい表現が省略されていますので，対象の本質部分に集中できます．開発初期の段階で使われることが多く，必要な機能の確認や絞り込みに使えますが，完成度の高さを議論する場合には適しません．

　一方，忠実度の高いプロトタイプは，最終型に近い表現ですので，開発には一般に時間がかかります．また，細かい表現が実現されており，対象の細かい調整に効果を発揮します．開発後期の段階で使われることが多く，しかも機能の動作も実現されていますので，実際にユーザに使用してもらってユーザビリティを評価することができます．

　忠実度が異なることによって，プロトタイプを使って伝えられることにも違いが現れます．忠実度が低いプロトタイプは本物とは表現が離れているため，本物との違いは，それを見たり扱ったりする人が想像力で埋める必要があります．想像力を発揮しなければならないということは，それだけプロトタイプ自体が伝えている情報が少ないことになります．その分，プロトタイプを見たり扱ったりする人の発想の自由さを許容していることにもなります．すなわち，表現されている以外の機能を自由に考えて，創造しやすくなります．

　これに対して，忠実度が高いプロトタイプは細かい部分まで本物と同じように実現されています．完成した製品のように見えたり扱えたりすることによって，製品の最終型を想像する必要性は低くなります．それだけプロトタイプ自体が伝えている情報が多いことになります．その分，現在実現されている機能や表現にとらわれて，見る人や扱う人は，そこから逸脱することが難しくなります．

　図 11.4 にプロトタイプに関する費用対効果の分布を示します．前述した各種のプロトタイプにかかる作成時間と，そのプロトタイプによって伝えられる情報量の関係を示します．横軸が作成時間で縦軸が伝達できる情報量を示します．アイデアの説明記述は，作成に時間がかかりませんが，それによって伝えられる情報量はあまり多くありません．一方で，動作バージョンのシステムのプロトタイプは作成に時間がかかりますが，本物のように見えたり使えたりすることで，プロトタイプ自体がもつ情報量は多いといえます．

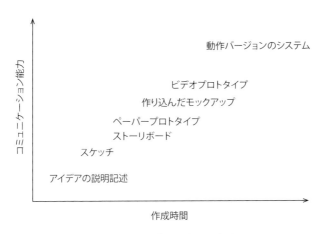

図 11.4　費用対効果のトレードオフ

　前述した各プロトタイプは，このグラフでは基本的には右肩上がりに分布します．私たちがプロトタイプを作成する上で気をつけなければならないことは，グラフ中の左上の領域を目指し，右下の領域に陥らないようにすることです．すなわち，プロトタイプとしては，伝達できる情報量のできるだけ多いものを短時間で作成するように目指すべきです．時間をかけて作っても伝達できる情報量が少なければ，費用がかかるばかりで効果を発揮しません．

11.5　代表的なプロトタイプと使い方

　以下では，代表的なプロトタイプとその使い方について説明します．

11.5.1　ストーリボード

　ストーリボード (storyboard) とは，ユーザが目標を達成するまでの一連のストーリを絵コンテとして表したものであり，ストーリを可視化したものだといえます（図11.5）．
　表現手段としては，絵に描いたスケッチを並べたり，写真を撮ってつなぎ合わせたりすることで実現されています．

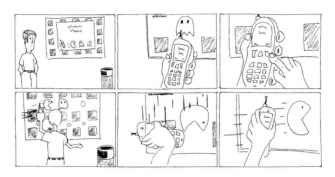

図 11.5 ストーリーボードの例（Truong ら (2006)[70] より引用）

11.5.2 ペーパープロトタイプ

ペーパープロトタイプ (paper prototype) とは，文字どおり，紙で作成したプロトタイプです（図 11.6）．このペーパープロトタイプを使って，ユーザビリティテストを行うことができます，これを**ペーパープロトタイピング** (paper prototyping) といいます[64]．より正確には，ペーパープロトタイピングとは，ユーザインタフェースのブレインストーミングや設計，作成，テスト，情報交換を行うための手段としてペーパープロトタイプを使うことをいいます．これは，ユーザビリティテスティ

図 11.6 ペーパープロトタイプの例

図 11.7　ペーパープロトタイピングの様子

ングの一種であり，できるだけ少ない労力で，できるだけ多くのフィードバックを
ユーザから得るために利用されています．

　ペーパープロトタイピングの実施方法は以下のとおりです．ユーザを代表する人
物が，紙製のインタフェース（ペーパープロトタイプ）上で現実に想定される課題
を実行します．ペーパープロトタイプは，コンピュータ役の人が操作します．ここ
で，コンピュータ役はそのインタフェースがどのような働きをするかについては説
明しないことが重要です．図 11.7 にペーパープロトタイピングの様子を示します．

　以下にペーパープロトタイピングの利点をまとめます．

- 開発プロセス初期の段階から，ユーザからのフィードバックを多く得られる．
- 速やかな反復型開発が促進される．すなわち数多くのアイデアを試すことがで
きる．
- 開発チーム内，開発チームと顧客とのコミュニケーションが活性化される．
- 技術的なスキルを必要としないので，様々な分野のチームが協力し合える．
- 製品開発のプロセスにおいて，創造性が向上する．

11.5.3　ビデオプロトタイプ

　製品や製品のプロトタイプをユーザが使用している様子を映像として記録すると，

図 11.8　ビデオプロトタイプの例（https://vimeo.com/46304267 より引用）

その映像はプロトタイプとして活用することができます．これを**ビデオプロトタイプ**（video prototype）といいます（図 11.8）.

　ビデオプロトタイプは，未来のシステム（これから作成するシステム）のあるべき姿を可視化したものだといえます．

11.6　システムをコンテキストにおくこと

　ビデオプロトタイプの大きな特徴は，システムをコンテキストにおいて可視化できる点にあります．

　一般にコンテキストとは，4W+1H を示すことで描くことができると考えられています．すなわち，以下の情報です．

- 誰が（who）ユーザか.
- 何を（what）やっているのか.
- いつ（when）が一日の中でふさわしいのか.
- どこ（where）にいるのか，どこで行っているのか.
- どのように（how）システムはタスクを促しているのか.

ここでは「なぜ（why）何のために」は扱っていません．これは，このシステムを使

う理由自体を表します．すなわち，目標（ゴール）に相当します．

第 11 章　演習問題 ●

1. YouTube (https://www.youtube.com) や Vimeo (https://vimeo.com) で以下のワードをそれぞれ検索し，プロトタイピングの事例を視聴してみよう．検索ワード例：Low fidelity prototype, Paper prototype, HCI video prototype
2. 問題 1 で視聴した事例を参考に，低コストでビデオプロトタイピングを作成する方法について検討してみよう．
3. 次のビデオを視聴して，ゲーム化された未来における私たちの生活について議論してみよう．Lazo, D., *et al.*, Sight, 2012. https://vimeo.com/46304267
4. あなたは，救急車の中で使われる新しい心電計測装置のデザインを担当するプロジェクトに参加することになりました．これまで十分な調査を行って，いよいよデザイン案を検討することになりました．
   (a) 開発の初期段階で作るプロトタイプの特徴と目的を答えてみよう．
   (b) デザインの方向性が十分に定まり，開発が進んできました．そして具体的なユーザビリティを評価することになりました．この段階で作るプロトタイプの特徴と目的を答えてみよう．

第 **12** 章

設計解の作成：デザインの実践

前章ではデザインによる解決案の作成方法について説明しました．本章ではそれを実践するときに検討すべき項目について議論します．

12.1　プロトタイプの実践

プロトタイプの実践の段階では，これまでに得られた着想を実際に形にします．目標とする製品を試作して評価を行います．

一般的なソフトウェア工学の分野と比べて，HCI の分野では，このプロトタイピングの過程で使える技術や手法が多数考案されています．安価にしかも迅速に試作品を開発し，実際のユーザと評価活動を行い，その結果を次の試作品に反映させるという，反復デザインの過程を速やかに進めるための様々な工夫が考えられています．

12.2　ストーリボードとペーパープロトタイプ

本節ではストーリボードとペーパープロトタイプの作成において注意するポイントを議論します．ここまでにも議論したように，迅速かつ効果的に作成して，ユーザとともに評価することが重要です．

12.2.1 ユーザを描く

ユーザとのインタラクションが生じる製品では，ストーリボードにユーザを描き込むことが重要です．製品とともにユーザを描くことによって，製品が使われる環境やユーザがおかれている状況について評価できるようになります．

ユーザである人を描くことは簡単です．子どもの頃に描いた棒人間であれば，誰でも描くことができます．ただし，棒人間を描くことは，子どもっぽく思われると感じるかもしれません．棒人間を描く能力があっても，心理的な障壁が乗り越えられずに実際には描けないのでしょう．一方で，人を写実的に描くことは，一般の人々にとっては容易ではありません．

それでは，**星人間** (star people) を描いてみてはいかがでしょうか（図 12.1）．星人間は，棒人間の身体の部分を星型にしたものです．シンプルかつ迅速に描くことができ，棒人間よりも身体部分に厚みがあるため，人に近い表現です．ちなみに星人間は，著名なデザイナ兼 HCI 研究者の Bill Verplank が好んで使っている表現です[43]．どんどん描きましょう．

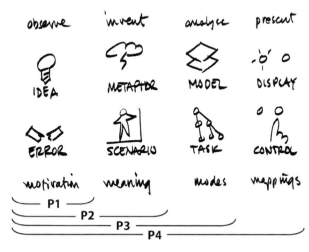

図 12.1　星人間の例．下段の SCENARIO の上に描かれている（Klemmer ら (2005)[35] より引用）．なお，この図はインタラクションデザイのフレームワークを表現したもの.

12.2.2　ストーリボードの特徴と注意点

　ストーリボードは，デザインの初期段階でアイデアを的確に迅速に伝えるために作成します．したがって，美しくて完成度が高いストーリボードを作成するのに長期の時間がかかるようでは意味がありません．

　例えばある製品のアイデアを伝える場合，ストーリボードで伝える対象は，細かなインタフェース要素のデザインよりは，その製品が使われる様子を示すアイデア全体のストーリのほうが効果的です．具体的には以下のような点を表現します．

- 状況：その製品にかかわる人々や環境．誰がどのような場面でその製品を使っているか．
- 展開：時系列の関係性，その製品がどのように人々の使用を導いているか．どのように使用していくか.
- 充足性：その製品を使いたくなるのはなぜか．その製品で何を達成しようとしているのか．どのようなニーズを満たそうとしているのか.

12.2.3　ペーパープロトタイピングのコツ

　ペーパープロトタイピングを実践するときに役立つコツがあります．次のような点に注意するとよいでしょう．

- プロトタイプは実際のサイズよりも少し大きめに作ります．実物よりも少し大きく作成したほうが，評価者が操作しやすくなります．また，観察者が評価者の操作を見て分析するときにも，行為が見分けやすくなります．これはスマートフォンやスマートウォッチなどの，小型の装置に対してペーパープロトタイピングを実施するときに有効です．
- 線は太く濃くはっきりと描きます．作成したプロトタイプを使って評価をしてもらう場合には，インタフェース要素が明確に判別できなければなりません．また，評価者による評価過程をビデオに記録する場合，手描きした線が細く薄い場合には，ビデオ映像中で判別しにくくなります．
- 必ずしも全部を手描きする必要はありません．ペーパープロトタイプというと，すべてを手描きしたくなりますが，デザインに必要なところだけを手描き

すれば十分です．例えば，iPhone のアプリをデザイン対象としているのであれば，iPhone のハードウェアはデザイン対象ではありません．iPhone の外枠のコピーなどを用意して，画面内だけを手描きすればよいです．例えば，本物の iPhone の画面にスケッチした付せんを貼り付けてもよいでしょう．

- インタフェース要素を切り替える必要がある場合には，インタフェース要素のスケッチを部品化しておきます．また，これらの部品は整理して一箇所にまとめ，迅速に入れ替えられるようにしておきます．

- スケッチした紙でシミュレートすることが難しいものは，コンピュータ役の人物が口頭で説明します．例えば，マウスでの右クリックや，プログレスバーの変化，キーボード操作に連動した画面表示の切り替わりなどは，紙でシミュレートすると手間がかかります．口頭での説明にするほうが時間の節約と手間の削減になります．

- デザイン対象によっては，実際に使用する場で評価を行います．例えば図書館のカウンターで使うような製品を想定している場合には，実際に図書館のカウンターで評価作業を行うほうが，評価者が実感をもって評価することができます．

12.3　オズの魔法使い法

この節では，ユーザによる利用評価をプロトタイプを使って実施する具体的な方法について説明します．

12.3.1　特徴

オズの魔法使い法 (Wizard of Oz technique) とは，人間のオペレータが機械の振る舞いを代行することによって対話的なシステムを実現すること，として定義されます．つまり，人間がコンピュータのふりをしてコンピュータの処理を代行し，あたかもそのコンピュータが動いているかのように処理するプロトタイピング法です．この手法を使えば，インタフェースの背後にあるコンピュータ処理を実装することなく，インタラクションを実現して利用評価することが可能です．

オズの魔法使い法は別名 **WOZ 法**とも呼ばれていますので，本書では以降，WOZ

法とします．また，WOZ 法を実現するプロトタイプを **WOZ プロトタイプ**と呼ぶことにします．

　WOZ 法はもともと，認識と計算について高度な処理を必要とする自然言語応答システムを評価するために考案されました．コンピュータの処理能力が低かった頃には，音声認識や自然言語処理をリアルタイムの計算処理として実現することが技術的に困難でした．このようなときに，ユーザの発話に対する認識や処理を，隠れた場所にいる人間が代行して応答することによって，あたかもそのシステムが動いているかのように見せて評価しました．

　WOZ 法の特徴はあまり多くの機能を開発せずに，対象システムを評価できる点にあります．また対象システムのプロトタイプを本物のように，すなわち，機能がコンピュータによって実現されているかのように，ユーザに見せることができます．

　一方で，コンピュータ役をする人間のオペレータには，本物のように見せるための能力や経験が必要とされます．ユーザの入力に対して応答が遅ければ，ユーザにとっては不自然に感じられます．また，応答の仕方によっては，人間が成り代わっていることがユーザにわかってしまいます．このような場合には，対象システムの評価として期待されている適切な結果が得られません．

12.3.2　プロトタイプを実行する上で重要な点

　WOZ プロトタイプを実現するためには，WOZ 法を実現する何らかの仕組みを構築する必要があります．具体的には，以下のような機能が必要です．

1. ユーザが使用するユーザインタフェース
2. 上記のユーザインタフェースに対するユーザの操作を検知してオペレータに伝える機能
3. 上記のユーザインタフェースをオペレータがリモートで操作するためのインタフェース

　もちろん，これらの機能を実現する上で，実システムそのものを開発するよりも費用が安かったり，開発期間が短かったりしなければ意味がありません．

　まず，ユーザが使用するユーザインタフェースは省略することができません．WOZ 法では，このユーザインタフェースに対するユーザのインタラクションを評価する

ことが目的だからです．

　次に，上記のユーザインタフェースに対するユーザの操作を検知してオペレータに伝える機能が必要です．例えば自然言語応答システムであれば，マイクで集音したユーザの音声データをオペレータ側に転送して再生する機能が求められます．

　最後に，上記のユーザインタフェースをオペレータがリモートで操作するためのインタフェースが求められます．例えば，自然言語応答システムにおいて音声で回答するユーザインタフェースであれば，マイクで集音したオペレータの音声データをユーザ側に転送して再生する機能が求められます．あるいは，このユーザインタフェースがビジュアルなフィードバックを与えるシステムであれば，ユーザが見るインタフェース上のビジュアル要素を変化させる機能が必要であり，この機能をオペレータが操作するインタフェースが，オペレータ側になければなりません．

　WOZ 法では，ユーザインタフェースに対してオペレータが操作を行う仕組みを**フック** (hook) と呼びます．オペレータは，オペレータ用のインタフェースを使ってフックを機能させます．これによって，ユーザ側のインタフェース要素が変更されます．このフックは，将来的には実システムにおいてその機能として実装され置き換えられることになります．

　WOZ プロトタイプの実現には，様々な方法が考えられます．例えば，ユーザの行動をカメラで撮影して，その映像に基づいてオペレータが応答するという方法があります．あるいは，専用のプロトタイピングツールを使うという方法もとられています．

　WOZ プロトタイプもプロトタイプの一部であるため，実システムの一部しか実現されていません．したがって，ユーザのインタラクションを評価するためには，ユーザに関するシナリオを想定し，そのシナリオでシステムのインタフェースが促す操作や，ユーザの入力に対する応答を決めておく必要があります．

　また，WOZ 法を実現する上ではオペレータの役割が極めて重要になります．オペレータは，ユーザの行為を読み取り，適切なタイミングで応答しなければなりません．そのため，オペレータは事前に操作を練習しておくことがとても重要です．

12.3.3　思考発話法

　ユーザの行動は，観察によって理解することができます．しかし，ユーザが考え

ていることや心理的な変化については，外から観ているだけではわかりません．どのようにすれば，外部観測が困難な心的状態を分析することができるでしょうか．

　簡易的な一つの方法は，ユーザ自身に考えていることや感じていることを口頭で説明してもらうことです．この方法では，少なくともユーザの意識下にある事柄については，観測者に伝えることができます．このような手法を**思考発話法** (think aloud method) と呼びます[1]．

12.4　ビデオプロトタイピングのコツ

　ビデオプロトタイプを使って，プロトタイプを作成して評価する手法を**ビデオプロトタイピング** (video prototyping) といいます．

　前述した映画のようなビデオプロトタイプの作成には，プロの役者や本物のような大道具・小道具，高性能な撮影機材と編集機器などが必要になります．しかし，製品に関するアイデアを迅速に可視化して評価することを目的とした場合には，必ずしも，大金をかける必要はありません．ペーパープロトタイプに代表される，簡易的なプロトタイプやモックアップを作成して，実際の生活の場でそれらしく演じた姿を撮影するだけで十分な役目を果たします．重要なことは，第 11 章で説明したように，「システムをコンテキストにおく」ことです．その様子を動画として表現することです．

　現在のスマートフォンは動画撮影機能も十分高性能ですし，簡易的な編集アプリを搭載していることもあります．また，動画投稿サービスでは編集機能を提供していることもあります．必要に応じて，使い慣れた編集機能を使えば迅速にビデオプロトタイプを作成することができるでしょう．

　もし，動画の編集自体も面倒な場合には，シーンごとに撮影した動画をつなげるだけで十分編集に替えることことができます．例えば，あるシーンで紙に描いたボタンを押した時点で撮影を止め，次にその結果として表示される画面を次のシーンとして撮影します．これらの二つの動画を連続して再生すれば，ボタンを押して画面が切り替わったように見えます．このような方法でまだないシステムを可視化す

---

[1]　発話思考法と訳されている場合もあります．

ることも可能です.

12.5　パラレルプロトタイピング

　プロトタイプを作成する場合には，いくつ作成すればよいでしょうか.

　まず，プロトタイプを一つ作成してそれを評価し，評価結果に基づいて修正することを繰り返すというアプローチが考えられます．これを**シングルプロトタイピング** (single prototyping) と呼びます．別のアプローチとして，複数のプロトタイプを作成してそれらを評価し，評価結果に基づいて修正することを繰り返しつつ，どこかの段階で一つに絞るという進め方があります．これを**パラレルプロトタイピング** (parallel prototyping) と呼びます.

　予算と時間に余裕があれば，パラレルプロトタイピングをとるのが良さそうに思えますが，現実のプロジェクトでは予算と時間が限られています．同じ予算と時間が限られている状況であれば，一つのプロトタイプを作成することから作業を開始して，より多くの時間を評価とそれに基づく修正にかけるというシングルプロトタイピングのほうが，最終的なプロトタイプの完成度が高くなるかもしれません．予算と時間が限られた中で，パラレルプロトタイピングをとる価値はあるのでしょうか.

　Dow らは，シングルプロトタイピングとパラレルプロトタイピングを実験によって比較して，パラレルプロトタイピングのほうが効果が高いことを実証しました[10]．彼らはまず，初心者デザイナにグラフィカルなウェブ広告をデザインしてもらいました．このとき，シングルプロトタイピングのアプローチでデザインを進めるグループと，パラレルプロトタイピングでデザインを進めるグループとに分けました．すなわち，前者には一つのプロトタイプを作成してもらい，後者には複数のプロトタイプを作成してもらいました.

　反復デザインを進めましたので，両者ともにプロトタイプに対して評価結果を得て，それに基づいて修正していきました．つまり，シングルプロトタイピング・グループは，一つのプロトタイプに対して常に批評を受けました．パラレルプロトタイピング・グループは，複数のプロトタイプに対して批評を受けました．そして，修正しながらプロトタイプの数を絞り，最終的に一つのプロトタイプとしました（図12.2）.

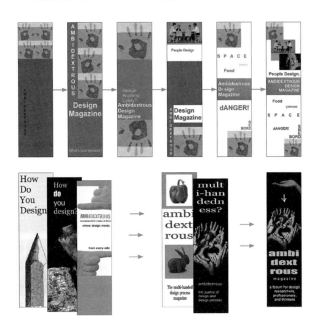

**図 12.2　ウェブ広告のプロトタイプ．上：シングルプロトタイピングによって生成さ
れたもの．下：パラレルプロトタイピングによって生成されたもの　（Dow
ら (2010)[10] より引用）．**

　上記のように，パラレルプロトタイピングには，最終成果物の品質を高めるとい
う効果がありますが，デザイナにとっても良い効果があります．シングルプロトタ
イプを評価したときに与えられる批評には，そのプロトタイプを作成したデザイナ
の心理にマイナスの影響を与えてしまうことがあります．プロトタイプが一つしか
ありませんので，そのプロトタイプの問題点を指摘することが，デザイナの能力の
問題点を指摘されていると誤解してしまう危険性があります．

　一方で，複数のプロトタイプに対して与えられる批評では，それぞれのプロトタ
イプの特徴に集中できます．それぞれのプロトタイプを見比べて，どちらのどの特
徴が良い/悪いという議論も可能です．こうなると，デザイナの能力の問題点を指摘
されていると誤解してしまう危険性が少なくなります．

　Dow らは完成したウェブ広告を多角的に評価しました．評価項目は，クリックス
ルー率，滞在時間，クライアントと専門家の評価結果でした．これらのすべての項

目で，パラレルプロトタイピングで開発されたプロトタイプのほうがシングルプロトタイピングで開発されたものより高い評価結果を得ました.

　以下のように，パラレルプロトタイピングには高い効果が認められます.

第 12 章　演習問題 ●

1. 「『どこでもドア』を使ってビーチへ行く」というストーリボードを，棒人間と星人間で描き分けてみよう.
2. スキューバダイビング中に使用するデジタルカメラをデザインします．ペーパープロトタイピング，かつ，パラレルプロトタイピングによってデザインを検討してみよう.
3. 問題 2 でデザインを検討したスキューバダイビング中に使用するデジタルカメラを使って海中で写真を撮影する様子のビデオプロトタイプを作成してみよう.

設計の評価：実験的評価

本章ではユーザ要求事項に対する設計の評価手法について議論します．特に実験的手法を説明します．

13.1 評価の分類

以下では，インタラクションのデザインでの評価を分類する代表的な着眼点を説明します．着眼点として，形成的評価と総括的評価，そして，実験的評価と分析的評価を導入します．

13.1.1 形成的評価と総括的評価

まず評価は，形成的評価と総括的評価に大別することができます．これは元来，教育学で用いられている概念です．

形成的評価 (formative evaluation) とは，理解度を改善することを目的として行う評価です．教育学の分野では，小さい学習単位ごとに，どれくらい理解できているか，理解するためには何をしなければならないかをフィードバックするための評価だと考えられています．

これに対し，**総括的評価** (summative evaluation) とは，総合的な達成の度合いを測定することを目的とした評価です．教育学の分野では，まとまった学習単位が終わった後で実施する評価で，通常は評価結果を得点化するための評価だと考えら

れています.

　以上の考え方は，デザインの文脈に当てはめることができます．形成的評価では，デザイン対象の特徴を改善するために行う評価となります．したがって，修正すべき問題点を明らかにして，次のデザインに反映させます.

　形成的評価の例として，ユーザビリティ評価で行う，思考発話法によるユーザ評価作業が挙げられます．例えば，デザイン中のソフトウェアのダイアログを数人のユーザに使ってもらって，「印刷実行ボタンとキャンセルボタンの配置が近すぎて，印刷のつもりでキャンセルしてしまう」といった点を明らかにします．この評価結果から，印刷実行ボタンとキャンセルボタンの配置を変更するという，デザインの具体的な改善提案をすることができます.

　形成的評価は，デザインプロセスの途中で繰り返し行うことが重要です．最後に1回だけ行っても，その結果をデザインの改善に反映することができませんので，効果を発揮しません．また複数回にわたって実施することで，デザインをより良くできます．改善提案を反映したことが，新たな問題を生み出していないかどうかも確認することができます.

　一方，総括的評価では，デザイン対象がデザイン上の目標を達成しているかどうかを点数づけします．この点数は他の評価結果と比較するときに有効です．例えば，競合製品のデザインと自社製品のデザインとで，どちらがどれだけ優れているか，といったことを直接比較することができます．さらには，自社製品の出荷前に，この製品が要求された条件を満たしているかどうかを判定するときにも使えます．評価結果の点数をもって，合格や不合格という判定をすることができるからです.

　総括的評価の例として，ユーザビリティ評価で測定可能な効果，効率および満足が挙げられます．例えば，タスク達成率70％，平均タスク達成時間3分30秒，主観的満足度（5段階評価）3.2というように，効果と効率，満足を得点化（数値化）することができます．この数値をもって，最終的に対象製品やシステムが達成しているユーザビリティの水準を確認できます.

　総括的評価は，デザインプロセスの前後で行うことが重要です．なぜならば，デザインの前後の評価結果を比較することによって，デザイン活動によってもたらされた価値を，証拠をもって明らかにできるからです．また，総括的評価に対しても，最後に1回だけしか行わないのであれば，その結果をデザインの改善に反映するこ

とができず，製品のユーザビリティを高める効果が得られません．製品の品質を高めてユーザに適切な価値を提供するという観点からは，十分な取り組みだとはいえないと考えられます．

13.1.2　実験的評価と分析的評価

　評価のもう一つの分類として，実験的評価と分析的評価に分ける方法があります．これらの大きな違いは，評価時にユーザが関与するかどうかです．

　実験的評価 (empirical evaluation) にはユーザが関与します．本物のユーザのデータに基づく評価です．例えば，ユーザビリティテストや質問紙調査は，実際のユーザから評価結果を得るため，実験的評価に相当します．

　一方で，**分析的評価** (analytic evaluation) にはユーザは関与しません．専門家（例：ユーザビリティエンジニア，UI デザイナ）が自らの知識や経験に基づいて行う評価です．したがって**専門家評価** (expert review) とも呼ばれます．

　ユーザ関与の有無によって，表 13.1 に示すような特徴の違いが得られます．

　実験的評価ではユーザが関与して評価を行います．この最大の利点は，客観的なデータが得られる点にあります．評価結果はユーザから得られる事実としてのデータです．例えば，ユーザが評価対象の製品を使うときに操作の仕方がわからなければ，「そのユーザがその時点でわからなかった」ことは事実です．一方で欠点としては，評価にかかる時間やコストが大きくなります．実際のユーザに依頼したり，実験の時間がかかったりします．また，得られたデータを整理したり分析したりして，評価結果を判断しますが，得られた評価結果を適用できる範囲は，分析的評価と比べると狭いと言わざるをえません．なぜならば，事前に設定した条件以外についての結果は得られないからです．ユーザに対して利用評価をしてもらうためには，何

表 13.1　実験的評価と分析的評価の特徴

実験的評価	分析的評価
客観的	主観的
評価結果は事実	評価結果は仮説
時間とコストが大きい	時間とコストが小さい
評価範囲は狭い	評価範囲は広い
評価にはプロトタイプが必要	設計の初期段階でも評価可能

らかの評価対象，すなわちシステムやそのプロトタイプが必要です．

　これに対して分析的評価では，実際のユーザではなく専門家が評価を行います．得られるデータは，専門家による主観的な評価結果です．すなわち専門家による評価の結果は，あくまでもユーザに対する仮説でしかありません．例えば，専門家はその知識と経験から，ユーザが評価対象の製品を使うときに「この時点で操作がわからなくなる可能性が高い」と指摘することができます．しかし，本当に指摘したとおりに操作の仕方がわからなくなるかどうかは，実際にユーザに使ってもらわないと断定できません．

　一方で利点としては，ユーザが関与しないことによって，評価にかかる時間を短くでき，コストを下げることができます．実験を行う場合に求められる，条件の統制などには制限されないので，評価結果を適用できる範囲は，実験的評価と比べて広くなります．また，評価対象が明確に実現されていなくても，将来的にユーザが遭遇するであろうと思われる問題点を専門家は指摘することができます．この意味では，設計の初期段階で製品がプロトタイプとして実現されておらず，仕様書の状態でも評価を行うことができます．

　以下では，実験的評価について少し詳しく説明します．

13.2　実験的評価の例

　実験的評価の代表例として，ユーザビリティテストと **NEM** (Novice Expert ratio Method) を紹介します．ユーザビリティテストについては，6.5 節も参考にしてください．ここでは，前述した評価の視点に関して説明を追加します．

13.2.1　ユーザビリティテスト

　ユーザビリティテストでは，製品やシステムのユーザビリティを系統的に計測します．すなわち，基本的なテストの方法は以下のとおりです．

1. ユーザにタスク（作業）を実行するように依頼する．
2. ユーザがタスクを実行する過程を観察・記録する．

　すなわち，ユーザが関与する形で評価を実施しますので，前述した評価の視点に

基づくと，ユーザビリティテストは実験的評価に分類されます．

　また，ユーザビリティテストには，形成的評価と総括的評価の両面があります．発見した問題点を改善することを目的としてテストを実施する場合には，形成的評価に位置づけられます．ユーザビリティの観点から最終的な点数をつけることを目的としてテストを実施する場合には，総括的評価に位置づけられます．

　ISO9241-210 に示された人間中心設計の図で考えてみましょう（図 7.3 参照）．ここでは評価の段階から 2 種類の矢印が出ています．一つは点線の矢印で，他の三つの活動（利用状況の理解および明示，ユーザ要求事項の明示，ユーザ要求事項に対応した設計解の作成）にそれぞれ向かっています．これは適切な活動へ戻ることを意味しています．もう一つは実線の矢印で，「ユーザ要求事項に適合した設計」に向かっています．

　評価の段階において，点線の矢印に向かうために行う評価は形成的評価になります．ここで発見された問題点を解決するために，適切な段階へ戻って改善することを目指すからです．一方で，評価の段階において，実線の矢印に向かうために行う評価は総括的評価になります．ここでの評価は，デザインによる解決案が要求事項に適合するかどうかを判定するために行うからです．適合することが評価結果で示されれば，次に改善の活動に向かうことはありません．しかし，適合することが評価結果で示されなければ，プロジェクトに残された時間と予算によりますが，通常は不適合の原因を探って改善を行うはずです．このときには，形成的評価の特徴をもった評価も同時に行うことが望ましいといえます．

　ユーザビリティテストで改善を目的とする場合，テスト中のユーザを観察することによって，システムの改善につながる情報を得ることができます．もし，ユーザが目標に向かって作業を進めるときに，長時間中断することがあるようであれば，中断時点での操作に使用上の問題点が含まれている可能性があります．思考発話法を使用して，ユーザの思考を表明してもらったり，あるいは，テスト後にユーザに聞き取り調査を行ったりすることができれば，システム操作における問題点を明確に理解することができます．

　さて，ユーザビリティテストでは，ユーザが関与して評価を行いますが，製品の性能に相当する評価項目には何が考えられるでしょうか．例えば，以下のような評価項目が考えられます．

- 制限時間内に達成した課題の割合
- 課題を達成するまでに要した時間
- 課題遂行における操作エラーの回数
- エラーへの対処に費やした時間
- マニュアル・ヘルプに費やした時間
- コマンド操作の総数
- キーボードとマウスの操作ログ

ISO9241-11 におけるユーザビリティの定義に基づくと，制限時間内に達成した課題の割合は効果に相当します．上記に挙げたその他の項目（課題を達成するまでに要した時間からキーボードとマウスの操作ログまで）は，効率に相当する評価項目とみなすことができます．

ユーザビリティの定義における満足はユーザの主観評価値で計測することが可能です．例えば，質問紙として 5 段階や 7 段階の数値を割り当てた質問項目を作成すれば，ユーザの回答した数値を統計的に処理できます．

ユーザビリティテストでは，上記のような複数の種類のデータによって，対象システムの利用上の品質を多面的に分析する必要があります．

13.2.2　ユーザビリティテスト実施時の検討項目

ユーザビリティテストを実施する場合には，様々な検討項目があります．代表的な検討項目としては，次の二つがあります．

1. 被験者数：被験者は何人必要か．
2. 評価項目：主観評価の項目として何を挙げるのか．

以下では，これらの検討項目について説明します．

まず，**被験者数**を検討します．ユーザビリティテストで計測した評価項目を統計的に処理し，結果を一般化して議論したい場合には，十分な数の被験者（ユーザ）が必要になります．できるだけ多くの被験者を集めて実験することが望ましいでしょう．

しかし，ユーザビリティテストを実践する状況では，通常は時間と予算が限られています．被験者が多ければ，その分の謝礼金を用意しなければならなかったり，テ

ストの設備や会場に費用が発生したりする場合もあります．テストを実施する人々にも費用がかかっています．できるだけ少ない被験者数で効果を上げたいと考えることは，とても合理的で自然な問いだといえます．効果が同じであれば，被験者は少ないほうがよいのです．

　被験者数の観点でも，ユーザビリティテストの特徴が形成的評価か総括的評価かで，被験者数の目安と被験者のテストへの割り当て方が変わってきます．形成的評価では，5 人程度での評価を複数回繰り返すことが望ましいと考えられています．繰り返しには改善の段階が入ります．一方で，総括的評価では，20 人以上の被験者数を目指すことが望ましいと考えられています．

13.2.3　被験者数の検討：ユーザビリティテストの形成的評価

　Nielsen は，発見できるユーザビリティ問題の数と被験者の数との関係を，経験に基づき以下のようなモデル式で表現しました．

$$P = N(1 - (1 - L)^n)$$

ここで，P は発見できるユーザビリティ問題の数，N はそのデザインに含まれるユーザビリティ問題の数，L は 1 人のユーザをテストして発見できるユーザビリティ問題が全体に占める割合（Nielsen の経験値は $L = 0.31$），n はテストするユーザ数を表します．このモデル式に基づけば，5 人のユーザでテストすれば，ユーザビリティの問題の数の大半（約 85％）を発見できることになります．

　Nielsen がこのモデル式に込めているメッセージは次のとおりです．まずこのモデル式に基づくと，小規模のテストで大規模なテストに匹敵する効果が得られることがわかります．ユーザビリティテストには多数の被験者を用意しなければならないと考えて，テストの実施をためらうことは望ましくなく，5 名程度の少ない人数で構わないという根拠になります．このことから，被験者に協力してもらうユーザビリティテストをもっと実施しようという働きかけを行っています．

　さらに重要なポイントとして，Nielsen は繰り返しの評価の重要性を指摘しています．例えば 15 人のユーザがテストに参加してくれるのであれば，15 人全員に対してテストを 1 回行うのではなく，5 人ずつ 3 回に分けて評価を行うことを勧めています．すなわち，最初のデザイン案に対して 5 人でテストを行い，そこで見つかっ

た問題点を解決したデザイン案を作成します．そしてそのデザイン案に対して，次の5人でテストを行う，という手続きを，合計で3回繰り返すのです．この手続きによって，より利用品質の高いデザインのシステムを作り出すことができます．

13.2.4 被験者数の検討：ユーザビリティテストの総括的評価

総括的評価では，評価結果を数量化して判定を行います．計測したデータを統計処理して，検定することもあるでしょう．また，得られた結果を一般化して議論することも考えられます．このような場合には，前述したように，被験者数は多ければ多いほど良いということになります．**大数の法則**があるからです．大数の法則では，十分な標本数の集団を調べれば，その集団内での傾向は，その標本が属する母集団の傾向と同じになることを示しています．すなわち，特定の被験者から得られたデータが示す傾向が，被験者の属するクラス全体でも成立するだろうと考えてもよいことになります．例えば，ユーザビリティテストに参加した被験者の8割がエラーを起こすような機能があったとき，被験者数が少なければ，たまたまその被験者がそういう傾向をもつ人だったと言われたときに反論することは困難です．これに対して，十分な数の被験者に対して行ったテストであれば，結果を一般化することが可能です．すなわち，被験者と同じような人たちであれば，8割程度がその機能でエラーを起こすと結論づけてもよいことになります．

ただし現実問題としては，時間と費用の制約から，できるだけ少ない人数で評価を行いたいと考えます．あくまでも人間工学系の研究論文などからの経験則ですが，コンピュータの画面操作といった作業では，20名程度（以上）を目指すことが一つの目安として挙げられそうです．さらには，心理傾向などの調査をする場合には100名規模のデータを集めているケースが見かけられます．

なお，実際の被験者の人数は**実験計画**に関係します．具体的には，独立変数と従属変数の数，無作為化する変数や制御する変数，被験者内・被験者間・混合計画など，様々な検討項目があります．詳しくは実験計画法や統計法の教科書を参照してください．

13.2.5 主観評価の項目として何を挙げるのか

主観評価の項目を作成する場合には，既存の評価項目を参考にするとよいでしょ

う．ユーザビリティに関する評価項目は，**ユーザビリティスケール** (usability scale) と呼ばれて発表されています．代表的なユーザビリティスケールには，次のようなものがあります：SUS, SUMI, QUIS, WAMMI, WUS.

例えば **SUS** (System Usability Scale) には，以下のような設問が挙げられています．

- このシステムを今後も繰り返し使いたい．
- このシステムは必要以上に複雑だった．
- このシステムは簡単に使えた．
- このシステムを使えるようになるためには，技術に詳しい人のサポートが必要だ．

このような既存のユーザビリティスケールに評価したい項目があれば，それを使えば簡単です．自ら実施するユーザビリティテストの目的に合致していないのであれば，既存のスケールを参考にして自作すればよいでしょう．なお，ユーザビリティスケールによっては，使用条件が指定されているものもあります．知的財産の観点もありますし，ある条件や手続きに従わないと期待した効果が得られないこともあります．詳しくは各文献を参照してください．

13.2.6　NEM

NEM[71, 72] では，テスト参加者の行動を操作ステップごとに分析するために，操作ステップごとの所要時間を，初心者ユーザ (novice user) と熟練者ユーザ (expert user) に対して計測して比をとります．これを **NE 比**と呼びます．i 番目の操作ステップに関する NE 比 R_i は，次式で計算できます．

$$R_i = \frac{Tn_i}{Te_i}$$

ここで Tn_i は初心者の操作時間，Te_i は熟練者の操作時間を表します．

このようにして操作時間の比をとると，初心者と熟練者との操作にかかる所要時間の違いが可視化できます（図 13.1）．具体的には，NE 比が小さい操作については，デザイナのもつ概念モデル（熟練者のモデルに相当する）と，初心者ユーザの作業モデルとが，一致していると考えられます（第 5 章で述べた Norman のメンタルモデルを参照）．ただし，初心者と熟練者とで双方に時間がかかる操作でも NE

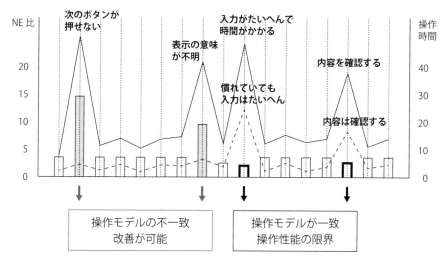

図 13.1 　NEM 法のコンセプト（鱗原ら (2001)[71] より引用．便宜的に一部修整）．グラフで
は横軸に操作ステップが示されています．実線で初心者の操作時間が，点線で熟練者
の操作時間が示されています．各操作ステップでの NE 比は棒グラフで示されてい
ます．

比は小さくなります．この場合にはメンタルモデルの観点でのユーザビリティの改
善は，あまり期待できないことになります．

　これに対して，NE 比が大きい操作は，デザイナのもつ概念モデルと，初心者ユー
ザの作業モデルとが，一致していないと考えられます．この点は，ユーザビリティ
の改善が大きく期待できるところであり，優先的に改善する必要があると判断でき
ます．具体的な基準として，NE 比が 4.5 以上の場合には，その操作ステップには
重大な問題があると判定されます．

第 13 章　演習問題

1. Nielsen は「5 人のユーザでテストすれば，ユーザビリティの問題の大半（約 85%）
   を発見できる」と言っています．彼の立てたモデル式でこの発言が妥当かどうか
   検証してみよう．ここで $n = 5, L = 0.31$ とします．

2. インターネットの検索サービスを使って，代表的なユーザビリティスケール (SUS, SUMI, QUIS, WAMMI, WUS) を調べてみよう．

3. 表 13.2 は電車の券売機の各機能について，その機能の操作時間を熟練者と初心者に対して調べたものです．本表に示された所要時間の数値を使って，機能別操作の NE 比を計算してみよう．また NE 比の観点で優先的に改善すべき機能を答えてみよう．

表 13.2　NEM 法の演習

機能の操作	所要時間 (s) 熟練者	所要時間 (s) 初心者	NE 比
画面のメニューボタンから切符の種類を選ぶ	2.0	3.5	(a)
乗車駅を指定する	2.0	12.0	(b)
降車駅を指定する	5.0	12.5	(c)
日付と時間を指定する	25.0	30.0	(d)
列車の種類を指定する	10.0	16.0	(e)
申込み内容一覧を確認する	2.0	5.8	(f)
支払い方法を指定する	8.0	20.0	(g)

第14章

設計の評価：分析的評価

前章ではユーザ要求事項に対する設計の評価手法として，実験的評価を議論しました．本章では分析的評価を議論します．

14.1　分析的評価の特徴

前章で実験的評価と分析的評価の違いについて説明しました．これらの違いの最大の特徴は，ユーザの関与の有無です．

評価を行うにあたって，実際のユーザにかかわってもらって実験的な評価を行うことが難しい場合があります．例えば，特別な事情をかかえたユーザは評価場所へ来てもらうことが難しいかもしれません．あるいは評価において，実際のユーザによるテストでは費用がかかりすぎたり，時間がかかりすぎたりすることがあります．このような場合には分析的評価のほうが有利です．分析的評価では実際のユーザは関与せず，ユーザビリティエンジニアや UI デザイナなどの専門家が，自らの知識や経験に基づいて評価を行います．

分析的評価の手法は，ユーザビリティテストに替わる手法として 1990 年代初頭に様々な提案が行われました．安価に短時間で，製品のユーザビリティ問題を予測することができるという点で重宝されました．一方で，専門家による評価で指摘されたユーザビリティの問題点は，その専門家による主観でしかないと解釈されてしまうことがあります．このような状況では，実際のユーザによる問題点を明示でき

る実験的評価のほうが効果的です.

14.2　インスペクション法

　ユーザビリティ評価のための分析的手法を総称して, **インスペクション法** (inspection method) と呼ぶこともあります. 細かく見て検査をしたり, 詳しく調べたり, 公式に視察をするという意味をもつインスペクションという用語に基づいています[49]. インスペクション法の代表的な手法には, **ヒューリスティック評価** (heuristic evaluation) と**認知的ウォークスルー** (cognitive walkthrough) があります.

14.2.1　ヒューリスティック評価

　ヒューリスティック評価とはユーザビリティに関するインスペクション法であり, Nielsen らによって開発されました.

　この評価法では, **ヒューリスティックス** (heuristics) と呼ばれるユーザビリティの基本原理にユーザインタフェース要素が従っているかどうかを, 専門家が確認します. 評価対象のユーザインタフェース要素には, ダイアログボックス, メニュー, 操作のナビゲーション構造, オンラインヘルプなどがあります.

(1)　Nielsen らによるヒューリスティックスと評価のポイント

　Nielsen らは, ヒューリスティックスとして以下の 10 項目を挙げています. これらの 10 項目は, 249 件のユーザビリティ問題に対する分析に基づいて得られました[45]. ヒューリスティック評価では, これらの経験則に基づいて厳選されたルールを参照しながら, 専門家が評価対象製品のルール違反を探す作業だといえます. ヒューリスティック評価と言ったときには, 通常はこの Nielsen らによる 10 ヒューリスティックスを使う手法を示しています. 以下では, 改訂版の 10 ヒューリスティックス[60] を紹介します.

Nielsen の 10 ヒューリスティックス（改訂版）

1：システムの状態の可視性 システムは，妥当な時間内に適切なフィードバックを通じて，常にユーザに何が起こっているかを知らせ続けなければならない．

2：システムと実世界とのマッチング システムは，システム指向の用語ではなく，ユーザになじみのある言葉やフレーズ，概念を使って，ユーザの言葉で話さなければならない．情報が自然で論理的な順序で表示されるように，実世界の慣習に従うこと．

3：ユーザの制御と自由度 ユーザはシステム機能を誤って選択してしまうことがよくあるため，追加でのさらなる対話を経ることなく不測状態から抜け出すには，明確に示された「非常口」が必要である．取り消し (undo) とやり直し (redo) の機能を提供すること．

4：一貫性と標準化 ユーザに対して，異なる言葉や状況，行動が同じ意味をもつかどうかを疑問に思わせてはならない．プラットフォームの慣習に従うこと．

5：エラー防止 優れたエラーメッセージよりも，そもそも問題が発生しないように慎重にデザインされているほうが優れている．エラーが発生しやすい条件を排除するか，あるいは，ユーザがアクションを起こす前にそれらをチェックして確認するオプションを提示すること．

6：記憶して思い出させるのではなく，見てわかるように オブジェクトやアクション，オプションを可視化することで，ユーザの記憶の負荷を最小化すること．ユーザに対して，対話のある部分から別の部分への情報を記憶させてはならない．システムの使用方法についての指示は，常に見えるようにしておくか，適切なときに簡単に取り出せるようにしておくこと．

7：柔軟性と効率的な使い方（初心者ユーザには見えない）加速手段は，経験の浅いユーザと経験豊富なユーザの両方に対応できるような形で，熟練ユーザのインタラクションを高速化する．頻繁に行うアクションについては，ユーザが調整できるようにすること．

8：美的でミニマリストなデザイン 対話は，無関係な情報や，ほとんど必要と

されない情報を含んではならない．対話の中の余分な情報は，関連する情報と競合し，相対的な視認性を低下させる．

9：ユーザによるエラーの認識と診断，回復の支援　エラーメッセージは，平易な言葉で表現し（コードは使わない），問題点を正確に示して，建設的な解決策を提案すること．

10：ヘルプとマニュアル　マニュアルがなくてもシステムが利用できればよいが，ヘルプやマニュアルを提供することが必要な場合もある．そのような情報は，検索が容易で，ユーザのタスクに焦点をあて，実行されるべき具体的なステップをリストアップし，大きすぎないものでなければならない．

　専門家はこの 10 項目の基本原理を念頭において，評価対象のユーザインタフェース要素を検査します．ルール違反があれば，実際のユーザがその項目を問題だと感じて，操作を誤ったり，操作できなくなったり，操作に時間がかかったりする可能性が高く，改善の必要があると考えられます．

（2）　評価者数の検討

　実際に評価を進めるときには，評価者数の設定が問題となります．評価者によって発見できる問題が異なるからです．網羅的に数多くの問題点を指摘することができる評価者がいる一方で，問題点を見逃す評価者もいます．実際に，指摘されるユーザビリティ問題の数は，評価者によって大きく異なることが指摘されています[44]．

　また，複数人の評価者を動員しても，目立つユーザビリティ問題ばかりが重複して指摘されるかもしれません．重複する問題しか指摘されないのであれば，複数人に評価を依頼することは，費用と時間の観点で無駄になります．

　Nielsen らは，ヒューリスティック評価の適切な評価者数について実験を行って議論しています（図 14.1）．評価者 15 人で見つかった問題を 100% とします．すると，評価者 1 人による問題発見率は全体の 35% 程度になります．評価にかかわる人数を増やすと問題発見率は右肩上がりに増えます．そして評価者が 3〜5 名で，問題発見率はおよそ 75% を超えます．問題発見率と評価にかかる費用の両方を考慮すると，3〜5 名でヒューリスティック評価を行うことが望ましいと言えるでしょう．

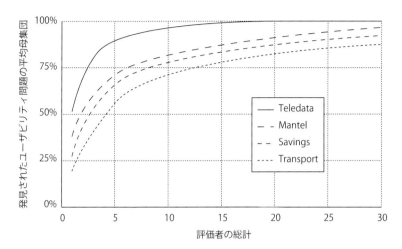

図 14.1　評価者数とユーザビリティ問題発見率との関係（Nielsen (1990)[49] をもと
に作成）．グラフは評価対象となった 4 つのインタフェースを示す．

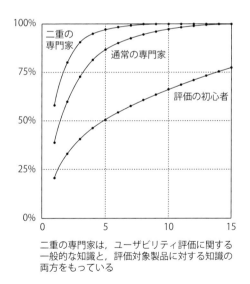

図 14.2　評価者の能力とユーザビリティ問題発見率との関係
（Nielsen (1992)[44] をもとに作成）．

　いずれにせよ，評価者の能力や着眼点の違いによって発見できるユーザビリティ問題には差が現れます（図 14.2）．このことから，Nielsen はヒューリスティック評価を実施する場合には，複数人で取り組むことを推奨しています．

(3)　その他の基本原理

　Nielsen らのヒューリスティックスは 10 項目に厳選されています．したがって，個々の項目を見ると非常に抽象化されているように感じます．このことは，各ヒューリスティックが任意の製品に対する検査として適用できる可能性が高いことを示しています．一方で，あまりに抽象的すぎて検査に合格しているかどうか判定が難しいこともあるでしょう．この問題点は Nielsen らも認識しているようで，専門家が特定のクラスの製品の評価に特化したヒューリスティックスを用意することを推奨しています．

　黒須らは，Nielsen のヒューリスティックスが 10 に限定されていることを問題視して，より多くの評価項目を扱う検討を行いました．その上で，多数の項目に基づいて評価を行う場合には，これらを操作性や認知性などに分類し，評価セッションをサブセッションに分けてセッションごとにこの各分類を評価するという**構造化ヒューリスティック評価法** (structured heuristic evaluation method) を提案しました[39]．

　ヒューリスティック評価では通常，Nielsen らによる 10 項目のヒューリスティックスを基本原理として使います．しかし，Nielsen らによるヒューリスティックス以外にも，従来からユーザインタフェースのデザインに関する原理原則が多数提案されています．代表的なものを以下に示します．

Shneiderman の八つの黄金律
1. 一貫性をもたせる．
2. 頻繁に使うユーザには近道を用意する．
3. 有益なフィードバックを提供する．
4. 段階的な達成感を与える対話を実現する．
5. エラーの処理を簡単にさせる．
6. 逆操作を許す．

7. 主体的な制御権を与える.

8. 短期記憶領域の負担を少なくする.

ISO9241-10：対話の原則

1. 作業に対する適合

2. 自動説明

3. 制御可能性

4. ユーザの期待への適合

5. エラー許容度

6. 個別化に対する適合

7. 学習に対する適合

Apple：ヒューマンインタフェースの原則

1. 外観の整合性

2. 一貫性

3. 直接操作

4. フィードバック

5. メタファ

6. ユーザによる制御

14.2.2 認知的ウォークスルー

認知的ウォークスルー (cognitive walkthrough) では，認知モデルに基づいて問題点を見つけ出します[56]．この評価手法は探査学習の理論に基づいています．探査学習では，次の四つのステップを段階的に実行しながら目標に到達するとされています．

探査学習の四つのステップ

目標設定：ユーザは何をするか（タスクまたはサブタスク）を設定する．

探査：どのような操作を行えばよいかユーザインタフェースを探査する．

選択：タスクを進展するために最も適切と思われる操作を選択する．

評価：システムからのフィードバックを解釈して，タスクが正しく進展している

かどうかを評価する.

　例えば，これまでに使ったことのないスマートフォンの SNS アプリケーションで，メッセージを送ることを考えます．すでに SNS のアプリケーションが起動している状態では，ユーザは次のような行動をとると考えられます.

目標設定 1：経験に基づき「メッセージを送る＝何か文字を書いて送信ボタンを押す」という目標を設定する.

目標設定 2：上記の目標を「A. 何か文字を書く」と「B. 送信ボタンを押す」という二つの副目標で達成できると判断する.

探査 A：SNS アプリケーション上で「文字を記入できるような場所」を探して見つけ出す.

選択 A：その「文字を記入できるような場所」をタップして文字を書く.

評価 A：意図した文字がその場所に表示されたことで「何か文字が書けた」と評価する.

探査 B：SNS アプリケーション上で「送信ボタンのようなもの」を探して見つけ出す.

選択 B：その「送信ボタンのようなもの」をタップする.

評価 B：効果音が鳴り画面に雲のようなアニメーション効果が表示されて，「メッセージを送ることができた（であろう）」と評価する.

　他の例として「GUI のボタンをクリックする」という操作を評価する場合，その操作に対して次のような点を確認します[36].

1. ユーザの目標は何か.
2. 目標実現の手段は適切に用意されているか.
   (a) どのような手段があるのかをユーザは容易に理解できるか/できないか.
   (b) 同時に表示される選択肢の数はどのくらいか．その中からユーザは自分に必要なものを容易に見つけることができるか.
   (c) 利用すべき手段には理解しやすいラベルが付いているか.
3. ラベルの内容はユーザの目標に関連性の深い表現になっているか.
4. 明瞭で意味のわかりやすいフィードバックが提供されているか.

5. その他に気づいたことがあるか.

第 14 章　演習問題

1. 図 14.3 は YouTube の詳細検索の使い方を説明したページ（2018 年 7 月現在）
です. このページの問題点を，Nielsen の 10 ヒューリスティックスに基づいて
指摘してみよう. 参考：YouTube の詳細検索の使い方を説明したページは，現
在では表現が変わっています. 変更箇所が何なのか，比較議論しても面白いと思
います.
2. 「スマートフォンを借りて写真を撮る」という例を対象に，探査学習の四つのス
テップを説明してみよう. なお，カメラアプリはすでに起動した状態で渡される
と仮定します.

図 14.3　YouTube の詳細検索の使い方に関する説明（https://support.google.com/
youtube/answer/111997 より引用）

発展的なトピック

　本書ではヒューマンコンピュータインタラクション (HCI) と人間中心設計 (HCD) について議論しました．特に，HCI とは私たちがデザインする対象であり，HCD とはそれを実現する手法だ，という立場をとってきました．また，ユーザインタフェースとはユーザが扱う対象であり，インタラクションとはユーザインタフェースとユーザとの間で発生する「コト」である，という説明をしました．

　どの実践・研究の分野でも同じように，HCI と HCD の分野でも，新しい取り組みが日々進められて発展しています．以下では，HCI と HCD について，ここまでに扱わなかった発展的な話題について解説します．

15.1　ユーザエクスペリエンス：ユーザビリティを超えて

　本書で扱ったユーザビリティの考え方は現在，製品開発の現場に十分に受け入れられていると言えます．しかし，ユーザビリティの定義で扱える範囲に対して，様々な議論が行われています．

　例えば，ユーザビリティの定義には，以下のような問題点が指摘されています．

- 明確な目標がある作業を対象としている．
- 評価できる作業は実質的に短時間である．
- ユーザが使う前にその製品に対してどのように考えているか，また，使った後にどのように考えているか，といったことは扱わない．

ISO9241-11 におけるユーザビリティの定義では，ユーザと利用の状況，目標を指定した上で，この目標を達成するユーザの行動を，効果と効率，満足の観点から評価します[31]．すなわちユーザには明確な目標が事前にわかっていることが期待されています．ところが，ユーザがいつも明確な目標をもって行動しているとは限りません．例えば，あなたは「なんとなく気に入ったから」という理由で商品を買うことはありませんか．また，Twitter のタイムラインをぼーっと眺めて時間が過ぎることがありませんか．このような行動では，ユーザは明確な目標はもっていないように思えます．

このような状況があることを考えると，ユーザビリティの定義で扱う対象として適していることと，そうでないことがありそうです．仕事の場で行う作業（例えば，コンピュータを使って定型の事務書類を作成する）のような，ユーザがはっきりとわかっていて，仕事の環境も明確であり，目標（最終的な完成状態）がわかることには，とても適しています．これに対して，誰がユーザなのか，どのような状況で使われるのか，そして，目標が何なのかがわからない対象は，ユーザビリティの定義では扱えません[1]．

ユーザビリティの定義に基づいて製品を評価することを考慮すると，10 年や 20 年たって達成されるような目標を扱うことは，現在のビジネス環境では現実的ではありません．調査する立場の人が，ある程度の短時間に計測して分析できる程度の規模の作業や行動に評価対象が限られてしまいます．これはユーザが実際に行う作業や行動の時間的な範囲の問題です．

現実をみると，ユーザが対象製品の評価を決める時間的な範囲は，実際に作業や行動を行っている範囲にとどまりません．私たちは，製品を入手する前からその製品に思いを馳せ，これを使ったらどんな良いことがあるだろうと考えます．高級品やブランド品であればこのような傾向が強くなります．他にも，ある人にとって問題が明確にわかっていて本当に困っていることがあり，ある製品を導入すればその問題が確実に解決できるようであれば，その製品の導入を心待ちにするでしょう．つまり製品を使い始める前に，すでにその製品の評価の一部は決まっていると言えます．

---

1)　したがって，わからない項目は仮定することによって，ユーザビリティの定義に基づく評価を行います．

　次に，製品を使い始めた後のことを考えてみましょう．私たちの身の回りには様々な製品があり，メガネのように継続的に肌身はなさず使う製品[2)]もあれば，電子レンジのように必要なときにだけ使う製品もあります．また，人生のステージの中で限られた期間しか使わない製品（例えば，幼児服やランドセル）もあります．このように，製品の使用は時間的にばらついており，使っていないときにも評価が変化します[3)]．

　以上のようなすべてが，製品に対するユーザの**経験（エクスペリエンス）**だと言うことができます．

　このような背景から，**ユーザエクスペリエンス** (User eXperience, UX) という考え方がとられるようになりました．ISO9241-210 では，ユーザエクスペリエンスを次のように定義しています[32]．

> 製品，システム，またはサービスの，使用または予想される使用から生じる，個人の認識と反応 (a person's perceptions and responses that result from the use or anticipated use of a product, system or service)

　この定義では，製品に対する評価を「ユーザが製品を使用中にどのようにそれを認識し，そして反応するか」という従来のユーザビリティの定義の範囲だけなく，使用する前と使用した後も時間的に含めていることになります．

　具体的には，ユーザエクスペリエンスの定義には，以下のような注意点があります．

- ユーザエクスペリエンスは，使用前から使用中，使用後に発生する，ユーザの感情，信頼，嗜好，洞察，身体的および心理的な反応，態度，達成感のすべてを含む．
- ユーザエクスペリエンスは，ブランドイメージ，見た目，機能，システム・パフォーマンス，双方向システムにおける双方向な振る舞いおよび支援機能，体験前に生じたユーザの内的および身体的状態，態度，能力と個性，利用の状況，の結果である．
- ユーザの個人的目標の視点から解釈した場合，ユーザビリティは，ユーザエク

---

2)　現在の多くの人にとってはスマートフォンがそうかもしれませんね．
3)　思い出にかかわる製品は，使わなくなってから振り返って評価が高くなったりもします．

スペリエンスに伴うことが典型的であり，知覚的および感情的な側面を含むことができる．ユーザビリティの基準で，ユーザエクスペリエンスの側面を評価することができる．

　ここまでの議論で，ユーザエクスペリエンスには，時間が重要な要素として挙げられていることに気づいたと思います．UX 白書[3] にて，この点が図式化されていますので，以下に引用します．

　図 15.1 では，時間は上から下に経過します．システムを利用していない時間と，実際に利用している時間とが区分けされています．

　ユーザにはもともと他のシステムやブランドに関する何らかの経験があり，それらの保持している経験が次のシステムの経験に影響を与えます．新しいシステムに出会う前から，すでに情報を入手した段階で，そのシステムについて予想される使用

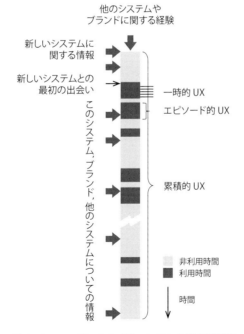

**図 15.1　ユーザエクスペリエンスにおける時間に
関する考え方（UX 白書[3] より引用）**

の経験が形成されます．そして，システムを具体的に使用するようになってからは，個々の使用は部分的に一時的 UX を構成し，その使用の連続がエピソード的 UX となります．

　ユーザがシステムを使用している期間とそうでない期間は，繰り返し現れます．そしてこの間にも，このシステムやブランド，他のシステムについての情報を継続的に得ることになります．このようなたくさんの使用についての経験を積み重ねて，累積的 UX となります．

15.2　ユーザエクスペリエンスデザイン

　ユーザビリティの定義に基づく評価は，ユーザエクスペリエンスの一部の特徴を扱っているだけですが，制限されている分だけ，対象を系統的に数量化することが可能でした．

　ユーザエクスペリエンスはそれよりも多様で広い対象を扱います．ユーザエクスペリエンスでの望ましい特徴と望ましくない特徴を以下にまとめます[60]．

> **望ましい特徴**：満足する，役に立つ，面白い，楽しい，やる気が起きる，刺激的な，引きつける，挑戦しがいのある，驚きがある，愉快な，社交性を高める，やりがいがある，エキサイティングな，創造性を支援する，心から満足できる，楽しませてくれる，認知的な刺激がある，フロー状態を体験する
>
> **望ましくない特徴**：退屈，不快，イライラさせる，見下した，罪悪感を覚えさせる，ばかにされたように感じさせる，うっとうしい，子どもじみた，幼稚，落とし穴がある

　以上のような特徴はユーザの主観に依存します．したがって，ユーザビリティの定義に基づく目標を超えて，いかにユーザを満足させるかが，デザインを行う上での重要な検討ポイントになります．

　それでは，高度なユーザエクスペリエンスを備えた製品を作る方法はあるのでしょうか．これはそう簡単ではないように見えます．なぜなら，ユーザの経験の総体を向上させなければならないからです．

その具体的な方法が，本書で述べてきた人間中心設計です．ここまで本書を読んできた皆さんなら，ユーザエクスペリエンスのデザイン手法を修得していると言えるでしょう．

15.3　サービスデザイン

ユーザエクスペリエンスのデザインと合わせて，いま**サービスデザイン** (service design) というキーワードが注目されています．

サービスデザインとは以下のような考え方に基づいて，サービスをデザインします．

- **ユーザ中心**：サービスは顧客（ユーザ）の立場で考える．
- **共創**：デザインのプロセスにはすべてのステークホルダに参加してもらう．
- **インタラクションの連続性**：相互に関係する複数のインタラクションをつなぎ合わせて一連の流れを形作る．
- **物的証拠**：形がなく手で触れることのできないサービスは，有形の物的要素を用いて可視化する．
- **ホリスティック（全体的）な視点**：サービスをとりまく環境全体に目を配る．

サービスデザインは，本書で述べてきた人間中心設計で効果的に進めることができます．そのデザインのプロセスでは，上記のサービスデザインの考え方を扱うために，特徴的な道具が使われます．

代表的な道具として**ジャーニーマップ** (journey map)[4)]と**サービスブループリント** (service blueprint) があります．

15.3.1　ジャーニーマップ

ジャーニーマップでは，顧客やユーザのサービス体験の全体像を一覧できるように図示します．ここまでに本書では，ユーザの体験を可視化する道具として，シナリオやストーリボード，ビデオプロトタイプなどを説明しました．これらの道具は，ユーザのおかれた状況やそこでの行動を，具体的に表現することに優れていました．

---

4) カスタマー・ジャーニーマップやユーザ・ジャーニーマップと呼ばれることもあります．

しかし，デザイン対象の製品にかかわるサービス全体を一覧する目的では，必ずしも
適しているとはいえません．この目的のために使われているのが，ジャーニーマッ
プです．ジャーニーマップの例を図 15.2 に示します．

　ジャーニーマップは，顧客やユーザの視点からユーザエクスペリエンスの全体像
を概観し，そこに影響を与える各種の要因を図解する目的で作成されます．その着
眼点は，以下のとおりです．

- ユーザとサービスとのインタラクションが発生するタッチポイント（touch point：
  顧客接点）を特定する．
- タッチポイントをつないでストーリ全体を視覚化する．
- 感情の変化も表現する．

ここでのタッチポイントには多くの可能性があります．対面サービスであれば，

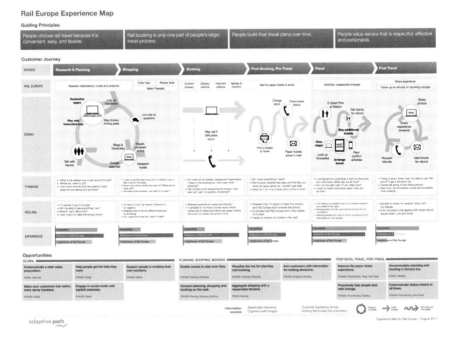

図 15.2　ジャーニーマップの例（Adaptive Path (2013)[1] より引用）

人と人とが直接やりとりすることがタッチポイントになります．また，店舗で行うサービスでは，人が建物の中を物理的に移動することもタッチポイントと考えられます．表現は異なりますが，ホームページなどのウェブサイトを人が閲覧することもタッチポイントの一つです．クーポンを発行したり，ノベルティグッズを受け取ったりと，企業と顧客との間には，様々なタッチポイントが考えられます．

　ジャーニーマップに表現するユーザエクスペリエンスは，大きく二つに分けられます．**現状の体験** (as-is experience) と**理想の体験** (to-be experience) です．現状の体験とは，現在のサービスのあり方をジャーニーマップとして表現したものです．これを作成するために，私たちは調査を行います．十分な調査データ（例えば，現場観察やインタビュー，質問紙）に基づいて，根拠のある現場の体験をジャーニーマップに表現します．一方，理想の体験とは，これからデザインするサービスで提供する未来の理想をジャーニーマップとして表現したものです．ここでも十分な根拠の存在が望ましいといえます．そのために私たちは，ペルソナやシナリオを作成します．

　現状の体験と理想の体験，これらの二つの間をつないで変化を導くような理想の体験を実現することこそが，適切なサービスのデザインと言えるでしょう．

15.3.2　サービスブループリント

　サービスブループリントは，ある特定のカスタマージャーニーのタッチポイントに直接関係しているサービス要素間の関係を視覚化する目的で作成されます．サービス要素には，人や小道具（物理的あるいはデジタルで表現される証拠となるもの），プロセスが含まれます．サービスブループリントの作成を通して，サービスを構成する個々の要素を特定してその詳細を明らかにし，その上で，対象としているビジネスにおけるユーザエクスペリエンスの提供方法を最適化することを目指します．具体的なサービスの設計を進めるために使いますので，サービスを構成する裏側の人や物の配置，その手順などを具体化します．ジャーニーマップが主には顧客視点をとっていたのに対して，サービスブループリントは主にサービス提供者の視点をとります．したがって，従業員の感情の変化といった表現項目を組み入れることもあります．

　図 15.3 にサービスブループリントの例を挙げます[59]．典型的なサービスブルー

Restaurant Service Blueprint: Drinks and Appetizers

ARRIVING

CUSTOMER ACTIONS	**Customer** enters restaurant	**Customer** waits for host to be free	**Customer** is greeted by host	**Customer** confirms reservation	**Customer** walks to table
TOUCHPOINTS	Wayfinding, exterior branding	Wayfinding, queue signage	Customer greeting	Reservation conversation	Verbal and non-verbal directions

LINE OF INTERACTION

FRONTSTAGE STAFF			**Host** greets customer	**Host** confirms reservations, checks if table is ready	**Host** shows customer to table

LINE OF VISIBILITY

BACKSTAGE STAFF	**Busser** clears dirty table	**Back waiter** resets table	**Back waiter** tells host that table is ready		
SUPPORT PROCESSES				Reservation system	

図 15.3　サービスブループリントの例（Remis (2016)[59] より引用）

プリントは表形式をとります.

サービスブループリントの主な構成要素は以下のとおりです.

- サービス提供媒体 (physical evidence)
- カスタマーアクション (customer action / journey)
- フロントステージアクション (frontstage action)
- バックステージアクション (backstage action)
- サポートプロセス (support process)

　このうち，サービス提供体とカスタマーアクション，フロントステージアクショ
ンは，顧客から見える範囲にあります．バックステージアクションとサポートプロ
セスは顧客からは見えず，サービス提供者の内側にあります．したがって，これら
の間には可視境界線があります（図 15.3）．カスタマアクションとフロントステー
ジアクションの間にはインタラクションの境界線があり，バックステージアクショ
ンとサポートプロセスの間には，組織内のインタラクションの境界線があります．

15.4　HCD のマネジメント

　本書の最終節では，デザインのマネジメントについて議論します．所属する組織
の中にデザインの重要性を浸透させて人間中心設計を導入し，さらにそれを継続的
に実践するような組織に変えていく方法を議論します．特に本書の読者であるデザ
イナとエンジニアが，個人としてマネジメントに貢献できることを考えていきます．
　まず，自分たちが所属している組織がどのようなレベルにあるかを考えます．そ
のためには，組織内でデザインがどのように活用されているかを評価・測定するこ
とが必要です．その方法として，デザインラダーと DMI デザインバリュー・スコ
アカードを説明します．次に，実際に導入できる汎用性の高いプロセスのモデルと
して，ダブルダイヤモンドモデルを説明します．

15.4.1　組織におけるデザイン成熟度

　デザインラダーとは，組織内でのデザインの活用方法のレベルを理解するために，
デンマーク・デザインカウンシルが提唱しているアプローチです．
　デザインラダーでは，組織におけるデザイン成熟度を次の四つのステージに分け
ています．

- ステージ 1：デザインの活用なし
- ステージ 2：スタイルとしてのデザイン
- ステージ 3：プロセスとしてのデザイン
- ステージ 4：戦略としてのデザイン

　ステージ 1 では，デザインは製品やサービスの開発において，ほとんど役割を担っ

ていないか，わずかな役割しか担っていません．デザインを専門とする担当者がいないため，デザインは専門外の担当者が行っています．また，ユーザのニーズを十分に反映できていません．

　ステージ 2 では，デザインは製品やサービスに対して，後づけのスタイリングとして行われています．デザインを専門とする担当者がいることもありますが，デザインの効果は限定的です．

　ステージ 3 では，デザイン活動がデザインの初期段階から組織内に導入されています．デザインプロセスは確立されており，組織の中でデザイン活動が日常的に行われています．

　ステージ 4 では，組織内でデザインが重要な要素として機能しており，事業目標とも合致しています．事業活動の中心としてデザインが捉えられています．最も高いレベルの成熟度です．

　組織におけるデザインの成熟度では，ステージ 1 が最も低く，ステージ 4 が最も高くなっています．デザインの成熟度が高いほど，その組織はデザインからの恩恵を受けています．したがって，自らが所属している組織の成熟度の段階を把握して，さらに上のステージを目指したり，継続して高いステージを保ち続けることが望ましいといえるでしょう．

15.4.2　ダブルダイヤモンド

　ダブルダイヤモンドは，正しい問題を見つけるための段階と，正しい解を見つけるための段階から構成されるデザインプロセスのモデルです（図 15.4）．それぞれの段階がダイヤモンドの形状をしています．正しい問題を見つけるための段階は，探索と定義という二つのステージで構成されます．また，正しい解を見つけるための段階は，展開と提供という二つのステージで構成されます．いずれの段階でも，最初のステージは発散の活動であり，続くステージが収束の活動を表しています．

　形式性の有無や程度の違いはあるものの，ダブルダイヤモンドは多くのデザイン活動に共通するプロセスの特徴をもっています．したがって，第 7 章で紹介したような，組織に人間中心設計を導入することが困難な場合でも，まずはダブルダイヤモンドに基づいてデザイン活動を整理して理解することで，デザインプロセスについての共通認識を組織内に生み出すことができます．これが，組織内に人間中心設

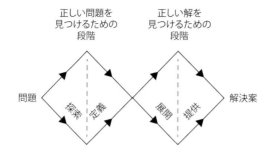

図 15.4　ダブルダイヤモンド（Design Council[9] をもとに作成）

計を導入する第一歩につながることになるでしょう.

第 15 章　演習問題

1. ユーザビリティの定義に基づく評価が行いやすい作業とそうでない作業を挙げて
   みよう.
2. ハンバーガーショップと顧客とのタッチポイントを，できるだけ多く挙げてみ
   よう.
3. デザインラダーの観点から，あなたの所属している組織のデザイン成熟度のレベ
   ルを判定してみよう.
4. HCI と人間中心設計に関してあなたが興味をもった項目について，さらに詳し
   く調べてみよう.
5. ACM SIGCHI (Special Interest Group on Computer Human Interaction)
   の国際会議 CHI (Conference on Human Factors in Computing Systems)
   のデジタルライブラリ (https://dl.acm.org/conference/chi) にアクセスして，
   本書で扱っていない話題の論文を読み，その内容をまとめてみよう.

● 演習問題を考えるためのヒント

第1章

1. 音声インタフェースが使える場合：両手がふさがっている状況や，音声でしか伝えられない状況があるかどうか，具体的に考えてみましょう．音声インタフェースが使えない場合：周辺が騒音でとてもうるさい環境や，逆に声を出してはならない環境や状況を具体的に考えてみるとよいでしょう．

2. 省略．

3. 本書では，インタフェースをコンピュータ側にあるモノとして扱っています．また，インタラクションはコンピュータとユーザの間で発生するコトだと捉えています．

第2章

1. 自動車のハンドルは運転者に正対する平面（自動車の進行方向と垂直な面）で回転させますが，自動車は進行方向に対して右や左に向きを変えます．他にも探してみましょう．

2. ユーザの使用パターンの学習結果に基づき適切な温度を設定する，省エネルギーになる温度設定を提案する，外出先から室内温度を制御できる，などの機能があります．

3. 省略．

4. 物理的な作用を共有することができるという特徴を，時間・空間によるコミュニケーションシステムの分類の各項目に応用すると，どんなことができるでしょうか．

第3章

1. メニュー項目は必ずしも1次元に並べる必要はありません．2次元的に配置して，放射状にしてはいかがでしょうか．

2. 閉まるエレベータのドアに挟まれそうになった人を見たら，急いでドアを開く

ようにしなければなりません．このような緊急時の操作には GUI と SUI のどちらが適しているでしょうか．

第 4 章

1. 味覚や平衡感覚に対する表示ができるでしょうか．何が表示できますか．内臓感覚ではいかがでしょうか．
2. 感覚量と刺激量の関係が線形でないことをうまく使うようなデザインを考えてみましょう．

第 5 章

1. 省略．
2. 問題 1 で見積もった作業時間と実際の計測時間が合わない場合には，見落としていた基本操作がないか確認してください．また，基本操作にかかる時間の仮定が正しかったのか，確認してみてもよいと思います．実は人間のユーザは作業の操作ミスをしたり，操作を繰り返すと操作が速くなったりします．
3. 省略．

第 6 章

1. 表 6.1 を参考にしてください．
2. 観察者がユーザビリティテストの参加者と同じ部屋にいることの是非を考えましょう．
3. 省略．

第 7 章

1. 焼肉パーティの準備と開催，後片付けまでの一連の作業を明確に分割して，それぞれに別々の担当者を割り当てます．前の作業が終わったら次の作業へ移る，というように進めます．できるだけ後戻りしないように，事前に十分な計画と適切な担当者の配置が重要です．どんな役割があるか，実際にはどのように進めるとよいか，具体的に考えてみましょう．
2. 大切なゲストとの焼き肉パーティの前に，まずは親しい仲間で小規模な焼肉パーティをやってみましょうか．そうすると何がわかるでしょうか．

第 8 章

1. 省略.
2. Pettersson *et al.* (2018) の Table 4 が参考になるでしょう.
3. インタビューと質問紙, 観察を使う調査手法を考えてみよう.

第 9 章

1. 時間を時単位で尋ねるのか, 分単位で尋ねるのかを事前に決めておかないと, 集計時に手間がかかります. 正確な使用時間を記憶に基づいて回答してもらうのか, 何かの記録を見て報告してもらうのか, 事前に決めなければなりません.
2. 省略.
3. 省略.
4. 写真を撮る時間を忘れないように, アラームをセットしておくとよいでしょう.

第 10 章

1. 成績証明書を発行するのはどんな人でしょうか.「学生」だけだと曖昧すぎます. 実際に成績証明書を発行している人にインタビューをしてみよう.
2. アイコンや, ダブルクリック, ウィンドウなどのキーワードは, GUI に特有のインタフェース要素や操作です. 他にもありますので探してみよう.
3. インタフェース要素を抽象化できないかどうか考えてみよう. アイコンをダブルクリックすることで実現していることが何か考えてみよう.

第 11 章

1. 省略.
2. 省略.
3. ゲーム化された未来を良い面と悪い面の両方から考えてみよう.
4. 忠実度の観点で考えてみよう.

第 12 章

1. 省略.
2. 省略.
3. 省略.

第 13 章

1. Nielsen のモデル式に各数値を代入して,

$$P = N(1 - (1 - L)^n) = N(1 - (1 - 0.31)^5) \fallingdotseq 0.84N$$

   N はそのデザインに含まれる ユーザビリティ問題の数なので, 約 85% が発見できることになります.

2. 省略.

3. 「画面のメニューボタンから切符の種類を選ぶ」という機能の NE 比は,

   ［初心者の所要時間］/［熟練者の所要時間］= 3.5/2.0 = 1.75

   と計算できます. 同様に他の機能も計算してみよう. NE 比が 4.5 以上になる機能はどれでしょうか.

第 14 章

1. 省略.

2. まず目標を設定しましょう. そしてその目標を達成できたと判断できる条件を考えましょう.

第 15 章

1. ユーザビリティの定義に挙げられた各要素が, その作業のなかで明確に計測できるかどうかを考えてみよう. 常識的な時間内に作業が終わるかどうかも検討対象です.

2. 実際にハンバーガーショップへ行って観察してみるとよいでしょう.

3. 省略.

4. 省略.

5. 省略.

● 引用文献

[1] Adaptive Path, Adaptive Path's Guide to Experience Mapping. Adaptive Path, 2013.

[2] Albert, W. and Dixon, E., Is this what you expected? The use of expectation measures in usability testing, presented at the Usability Professionals Association 2003 Conference, Scottsdale, AZ, USA, 2003.

[3] Allaboutux.org, UX 白書. Available at: http://site.hcdvalue.org/docs.

[4] Card, S. K., The Psychology of Human-Computer Interaction. CRC Press, 2018.

[5] Carroll, J. M., Kellogg, W. A., and Rosson, M. B., The task-artifact cycle, Designing interaction: psychology at the human-computer interface, USA: Cambridge University Press, 1991, pp. 74–102.

[6] Carroll, J. M. and Rosson, M. B., Getting around the task-artifact cycle: how to make claims and design by scenario, ACM Trans. Inf. Syst., vol. 10, no. 2, pp. 181–212, 1992, doi: 10.1145/146802.146834.

[7] Cowan, N., The magical number 4 in short-term memory: A reconsideration of mental storage capacity, Behavioral and Brain Sciences, vol. 24, no. 1, pp. 87–114, 2001, doi: 10.1017/S0140525X01003922.

[8] Cruz-Neira, C., Sandin, D. J., and DeFanti, T. A., Surround-screen projection-based virtual reality: the design and implementation of the CAVE, Proceedings of the 20th annual conference on Computer graphics and interactive techniques, Anaheim, CA, 1993, pp. 135–142, doi: 10.1145/166117.166134.

[9] Design Council, The Double Diamond design process mode, https://www.designcouncil.org.uk/news-opinion/what-framework-innovation-design-councils-evolved-double-diamond.

[10] Dow, S. P., Glassco, A., Kass, J., Schwarz, M., Schwartz, D. L., and Klemmer, S. R., Parallel prototyping leads to better design results, more divergence, and increased self-efficacy, ACM Trans. Comput.-Hum. Interact., vol. 17, no. 4, p. 18:1–18:24, 2011, doi: 10.1145/1879831.1879836.

[11] Ellis, C. A., Gibbs, S. J., and Rein, G., Groupware: some issues and experiences, Commun. ACM, vol. 34, no. 1, pp. 39–58, 1991, doi: 10.1145/99977.99987.

[12] Follmer, S., Leithinger, D., Olwal, A., Hogge, A., and Ishii, H., inFORM: dynamic physical affordances and constraints through shape and object actuation, Proceedings of the 26th annual ACM symposium on User interface software and technology, St. Andrews, Scotland, United Kingdom, 2013, pp. 417–426, doi:

10.1145/2501988.2502032.

[13] Gaver, B., Dunne, T., and Pacenti, E., Design: Cultural probes, interactions, vol. 6, no. 1, pp. 21–29, 1999, doi: 10.1145/291224.291235.

[14] Go, K., A scenario-based design method with photo diaries and photo essays, Proceedings of the 12th international conference on Human-computer interaction: interaction design and usability, Beijing, China, 2007, pp. 88–97.

[15] Go, K., Takamoto, Y., Carroll, J. M., Imamiya, A., and Masuda, H., PRESPE: participatory requirements elicitation using scenarios and photo essays, CHI '03 Extended Abstracts on Human Factors in Computing Systems, Ft. Lauderdale, Florida, USA, 2003, pp. 780–781, doi: 10.1145/765891.765987.

[16] Google, Glass, https://www.google.com/glass/start/

[17] Gould, J. D., How to design usable systems, Human-computer interaction: toward the year 2000, San Francisco, CA, USA: Morgan Kaufmann Publishers Inc., 1995, pp. 93–121.

[18] Gould, J. D., Boies, S. J., and Lewis, C., Making usable, useful, productivity-enhancing computer applications, Commun. ACM, vol. 34, no. 1, pp. 74–85, 1991, doi: 10.1145/99977.99993.

[19] Gould, J. D. and Lewis, C., Designing for usability: key principles and what designers think, Commun. ACM, vol. 28, no. 3, pp. 300–311, 1985, doi: 10.1145/3166.3170.

[20] Grudin, J., Groupware and social dynamics: eight challenges for developers, Commun. ACM, vol. 37, no. 1, pp. 92–105, 1994, doi: 10.1145/175222.175230.

[21] Hassenzahl, M., The interplay of beauty, goodness, and usability in interactive products, Hum.-Comput. Interact., vol. 19, no. 4, pp. 319–349, 2008, doi: 10.1207/s15327 051hci1904_2.

[22] Hassenzahl, M. and Tractinsky, N., User experience - a research agenda, Behaviour & Information Technology, vol. 25, no. 2, pp. 91–97, 2006, doi: 10.1080/01449290500 330331.

[23] Hick, W. E., A simple stimulus generator, Quarterly Journal of Experimental Psychology, vol. 3, no. 2, pp. 94–95, 1951, doi: 10.1080/17470215108416779.

[24] Hick, W. E., On the Rate of Gain of Information, Quarterly Journal of Experimental Psychology, 2018, doi: 10.1080/17470215208416600.

[25] 久鍋裕美, 富士通キッズサイトにおけるペルソナマーケティングの実践, Fujitsu, vol. 6, pp. 647–653, 2008.

[26] 樋渡涓二, 『視聴覚情報概論』. 昭晃堂, 1987.

[27] Holtzblatt, K. and Beyer, H., Contextual Design: Design for Life, 2nd Edition. Morgan Kaufmann, 2016.

[28] Hyman, R. A., Stimulus information as a determinant of reaction time, Journal of experimental psychology, 1953, doi: 10.1037/h0056940.

[29] IEEE 830-1998 - IEEE Recommended Practice for Software Requirements Specifi-

cations. https://standards.ieee.org/standard/830-1998.html

[30] IEEE 29148-2011 - IEEE Systems and Software Engineering - Life Cycle Processes - Requirements Engineering. https://standards.ieee.org/standard/29148-2011.html

[31] ISO 9241-11:2018(en), Ergonomics of human–system interaction — Part 11: Usability: Definitions and concepts. https://www.iso.org/obp/ui/#iso:std:iso:9241:-11:ed-2:v1:en.

[32] ISO 9241-210:2019(en), Ergonomics of human–system interaction — Part 210: Human-centred design for interactive systems. https://www.iso.org/obp/ui/#iso:std:iso:9241:-210:ed-2:v1:en.

[33] JIS Z 8521:2020，『人間工学—人とシステムとのインタラクション—ユーザビリティの定義及び概念』．日本規格協会，2020.

[34] 海保博之，黒須正明，『認知的インタフェース：コンピュータとの知的つきあい方』．新曜社，1991.

[35] Klemmer, S. R., Verplank, B., and Ju, W., Teaching embodied interaction design practice, Proceedings of the 2005 conference on Designing for User eXperience, San Francisco, California, USA, 2005, pp. 26-es.

[36] 黒須正明，『人間中心設計の基礎』．近代科学社，2013.

[37] 黒須正明，堀部保弘，平沢尚毅，三樹弘之，『ISO 13407 がわかる本』．オーム社，2001.

[38] Kurosu, M. and Kashimura, K., Apparent usability vs. inherent usability: experimental analysis on the determinants of the apparent usability, Conference Companion on Human Factors in Computing Systems, New York, NY, USA, 1995, pp. 292–293, doi: 10.1145/223355.223680.

[39] Kurosu, M., Matsuura, S., and Sugizaki, M., Categorical inspection method-structured heuristic evaluation (sHEM), Computational Cybernetics and Simulation, 1997 IEEE International Conference on Systems, Man, and Cybernetics, 1997, vol. 3, pp. 2613–2618 vol.3, doi: 10.1109/ICSMC.1997.635329.

[40] Larson, R. and Csikszentmihalyi, M., The Experience Sampling Method, New Directions for Methodology of Social & Behavioral Science, vol. 15, pp. 41–56, 1983.

[41] Liu, W., Gori, J., Rioul, O., Beaudouin-Lafon, M., and Guiard, Y., How Relevant is Hick's Law for HCI?, Proceedings of the 2020 CHI Conference on Human Factors in Computing Systems, Honolulu, HI, USA, 2020, pp. 1–11, doi: 10.1145/3313831.3376878.

[42] Miller, G. A., The magical number seven, plus or minus two: some limits on our capacity for processing information, Psychological Review, vol. 63, no. 2, pp. 81–97, 1956, doi: 10.1037/h0043158.

[43] Moggridge, B., Designing Interactions. Cambridge, MA, USA: The MIT Press, 2006.

[44] Nielsen, J., Finding usability problems through heuristic evaluation, Proceedings of the SIGCHI Conference on Human Factors in Computing Systems, Monterey, California, USA, 1992, pp. 373–380, doi: 10.1145/142750.142834.

[45] Nielsen, J., Enhancing the explanatory power of usability heuristics, Proceedings of the SIGCHI Conference on Human Factors in Computing Systems, Boston, Massachusetts, USA, 1994, pp. 152–158, doi: 10.1145/191666.191729.

[46] Nielsen, J., Usability inspection methods, Conference Companion on Human Factors in Computing Systems, Boston, Massachusetts, USA, 1994, pp. 413–414, doi: 10.1145/259963.260531.

[47] Nielsen, J., 10 Heuristics for User Interface Design, Nielsen Norman Group. https://www.nngroup.com/articles/ten-usability-heuristics/

[48] Nielsen, J. and Mack, R. L., Usability inspection methods. USA: John Wiley & Sons, Inc., 1994.

[49] Nielsen, J. and Molich, R., Heuristic evaluation of user interfaces, Proceedings of the SIGCHI Conference on Human Factors in Computing Systems, Seattle, Washington, USA, 1990, pp. 249–256, doi: 10.1145/97243.97281.

[50] 荷方邦夫，『心を動かすデザインの秘密：認知心理学から見る新しいデザイン学』．実務教育出版，2013.

[51] Norman, D. A., THE WAY I SEE IT: Signifiers, not affordances, interactions, vol. 15, no. 6, pp. 18–19, 2008, doi: 10.1145/1409040.1409044.

[52] Norman, D. A.（著），岡本明，安村通晃，伊賀聡一郎，野島久雄（訳），『誰のためのデザイン？（増補・改訂版）：認知科学者のデザイン原論』．新曜社，2015.

[53] 大西淳，郷健太郎，『要求工学』．共立出版，2002.

[54] 岡田謙一，西田正吾，葛岡英明，仲谷美江，塩澤秀和，『ヒューマンコンピュータインタラクション（改訂2版）』．オーム社，2016.

[55] Pettersson, I., Lachner, F., Frison, A.-K., Riener, A., and Butz, A., A Bermuda Triangle? A Review of Method Application and Triangulation in User Experience Evaluation, Proceedings of the 2018 CHI Conference on Human Factors in Computing Systems, Montreal QC, Canada, 2018, pp. 1–16, doi: 10.1145/3173574.3174035.

[56] Polson, P. G., Lewis, C., Rieman, J., and Wharton, C., Cognitive walkthroughs: a method for theory-based evaluation of user interfaces, International Journal of Man–Machine Studies, vol. 36, no. 5, pp. 741–773, 1992, doi: 10.1016/0020-7373(92)90039-N.

[57] Pruitt, J. and Adlin, T.（著），秋本芳伸（訳），『ペルソナ戦略：マーケティング，製品開発，デザインを顧客志向にする』．ダイヤモンド社，2007.

[58] Reiss, E. L.（著），浅野紀予（訳），『ほんとに使える「ユーザビリティ」：より良いデザインへのシンプルなアプローチ』．ビー・エヌ・エヌ新社，2013.

[59] Remis, N. and the Adaptive Path Team at Capital One, A Guide to Service Blueprinting. Adaptive Path, 2016.

[60] Sharp, H., Preece, J., and Rogers, Y., Interaction Design: Beyond Human–Computer Interaction, 5th Edition, Wiley, 2019.

[61] 椎尾一郎，『ヒューマンコンピュータインタラクション入門』．サイエンス社，2010.

[62] Shneiderman, B., Direct Manipulation: A Step Beyond Programming Languages, Computer, vol. 16, no. 8, pp. 57–69, 1983, doi: 10.1109/MC.1983.1654471.

[63] Siek, K. A., Rogers, Y., and Connelly, K. H., Fat Finger Worries: How Older and Younger Users Physically Interact with PDAs, Human–Computer Interaction - INTERACT 2005, Berlin, Heidelberg, 2005, pp. 267–280, doi: 10.1007/11555261_24.

[64] Snyder, C.（著），黒須正明（監訳），『ペーパープロトタイピング：最適なユーザインタフェースを効率よくデザインする』．オーム社，2004.

[65] Stephanidis, C. C. *et al.*, Seven HCI Grand Challenges, International Journal of Human–Computer Interaction, vol. 35, no. 14, pp. 1229–1269, 2019, doi: 10.1080/10447318.2019.1619259.

[66] Suchman, L. A.（著），佐伯胖（監訳），『プランと状況的行為：人間–機械コミュニケーションの可能性』．東京：産業図書，1999.

[67] 棚橋弘季，『ペルソナ作って，それからどうするの？：ユーザー中心デザインで作る Web サイト』．ソフトバンククリエイティブ，2008.

[68] 樽本徹也，『ユーザビリティエンジニアリング：ユーザエクスペリエンスのための調査，設計，評価手法』．オーム社，2014.

[69] Thomson, K. and Apperley, M., The University of Waikato usability laboratory, Proceedings of the Symposium on Computer Human Interaction, New York, NY, USA, 2001, pp. 67–71, doi: 10.1145/2331812.2331825.

[70] Truong, K. N., Hayes, G. R., and Abowd, G. D., Storyboarding: an empirical determination of best practices and effective guidelines. Proceedings of the 6th conference on Designing Interactive systems, New York, NY, USA, 2006, pp. 12–21, doi:10.1145/1142405.1142410.

[71] 鱗原晴彦，龍淵信，佐藤大輔，古田一義，定量的ユーザビリティ評価手法：NEM による操作性の評価事例およびツール開発の報告，ヒューマンインタフェースシンポジウム'01, 2001, p. 4 pages, Available at: https://www.ueyesdesign.co.jp/file/paper/his2001-nem.pdf.

[72] Urokohara, H., Tanaka, K., Furuta, K., Honda, M., and Kurosu, M., NEM: "novice expert ratio method" a usability evaluation method to generate a new performance measure, CHI '00 Extended Abstracts on Human Factors in Computing Systems, The Hague, The Netherlands, 2000, pp. 185–186, doi: 10.1145/633292.633394.

[73] Vlaskovits, P., Henry Ford, Innovation, and That "Faster Horse" Quote, Harvard Business Review, 29, 2011.

[74] Vogel, D. and Balakrishnan, R., Occlusion-aware interfaces, Proceedings of the SIGCHI Conference on Human Factors in Computing Systems, Atlanta, Georgia, USA, 2010, pp. 263–272, doi: 10.1145/1753326.1753365.

[75] Vogel, D. and Baudisch, P., Shift: a technique for operating pen-based interfaces using touch, Proceedings of the SIGCHI Conference on Human Factors in Computing Systems, San Jose, California, USA, 2007, pp. 657–666, doi: 10.1145/1240624.1240727.

[76] Walker, M., Takayama, L., and Landay, J. A., High-Fidelity or Low-Fidelity, Paper or Computer? Choosing Attributes when Testing Web Prototypes, 2016, doi: 10.1177/154193120204600513.

[77] Wolpaw, J. R., Birbaumer, N., McFarland, D. J., Pfurtscheller, G., and Vaughan, T. M., Brain–computer interfaces for communication and control, Clinical Neurophysiology, vol. 113, no. 6, pp. 767–791, 2002, doi: 10.1016/S1388-2457(02)00057-3.

[78] Winograd, T., Flores, F.（著），平賀譲（訳），『コンピュータと認知を理解する：人工知能の限界と新しい設計理念』．産業図書，1989.

● 参考文献

人間中心設計

[1] 黒須正明，『人間中心設計の基礎』．近代科学社，2013．([36] 再掲)

[2] 山崎和彦，松原幸行，竹内公啓，黒須正明，八木大彦：『人間中心設計入門（HCD ライブラリー）』．近代科学社，2016．

ユーザビリティ

[3] Reiss, E. L.（著），浅野紀予（訳），『ほんとに使える「ユーザビリティ」：より良いデザインへのシンプルなアプローチ』．ビー・エヌ・エヌ新社，2013．([58] 再掲)

[4] 樽本徹也，『ユーザビリティエンジニアリング：ユーザエクスペリエンスのための調査，設計，評価手法』．オーム社，2014．([68] 再掲)

[5] 「ユーザビリティハンドブック」編集委員会，『ユーザビリティハンドブック』．共立出版，2007．

[6] Weinschenk, S.（著），武舎広幸，武舎るみ，阿部和也（翻訳），『インタフェースデザインの心理学（第 2 版）：ウェブやアプリに新たな視点をもたらす 100 の指針』．オライリー・ジャパン，2021．

ユーザエクスペリエンス

[7] 安藤昌也，『UX デザインの教科書』．丸善出版，2016．

[8] 黒須正明，『UX 原論：ユーザビリティから UX へ』．近代科学社，2020．

ユーザ調査

[9] 奥泉直子，『ユーザーの「心の声」を聴く技術：ユーザー調査に潜む 50 の落とし穴とその対策』．技術評論社，2021．

[10] 樽本徹也，『UX リサーチの道具箱：イノベーションのための質的調査・分析』．オーム社，2018．

サービスデザイン

[11] Stickdorn, M., Hormess, M. E., Lawrence, A., and Schneider, J.（著），安藤貴子，白川部君江（翻訳），長谷川敦士（監修），『This is Service Design Doing.：サービスデザインの実践』．ビー・エヌ・エヌ新社，2020．

[12] Stickdorn, M. and Schneider, J.（著），郷司陽子（訳），長谷川敦士，武山政直，渡邉康太郎（監修），『THIS IS SERVICE DESIGN THINKING.：Basics – Tools – Cases 領域横断的アプローチによるビジネスモデルの設計』．ビー・エヌ・エヌ新社，2013.

[13] 武山政直，『サービスデザインの教科書：共創するビジネスのつくりかた』．NTT 出版，2017.

HCI

[14] 黒須正明，暦本純一，『コンピュータと人間の接点（放送大学教材）』．放送大学教育振興会，2018.

[15] 岡田謙一，西田正吾，葛岡英明，仲谷美江，塩澤秀和，『ヒューマンコンピュータインタラクション（改訂 2 版）』．オーム社，2016.（[54] 再掲）

[16] 椎尾一郎，『ヒューマンコンピュータインタラクション入門』．サイエンス社，2010.（[61] 再掲）

インタフェースデザイン

[17] 井上勝雄，『インタフェースデザインの教科書（第 2 版）』．丸善出版，2019.

[18] 北原義典，『イラストで学ぶ ヒューマンインタフェース（改訂第 2 版）』．講談社，2019.

ビジョンデザインのプロセス

[19] 玉飼真一，村上竜介，佐藤哲，太田文明，常盤晋作，株式会社アイ・エム・ジェイ，『Web 制作者のための UX デザインをはじめる本：ユーザビリティ評価からカスタマージャーニーマップまで』．翔泳社，2016.

[20] 山崎和彦，上田義弘，高橋克実，早川誠二，郷健太郎，柳田宏治，『エクスペリエンス・ビジョン：ユーザーを見つめてうれしい体験を企画するビジョン提案型デザイン手法』．丸善出版，2012.

デザインについて考えるヒント

[21] Johnson, J.（著），武舎広幸，武舎るみ（訳），『UI デザインの心理学：わかりやすさ・使いやすさの法則』．インプレス，2015.

[22] 川上浩司（編），『不便益：手間をかけるシステムのデザイン』．近代科学社，2017.

[23] 荷方邦夫，『心を動かすデザインの秘密：認知心理学から見る新しいデザイン学』．実務教育出版，2013.（[50] 再掲）

[24] Norman, D. A.（著），岡本明，安村通晃，伊賀聡一郎，野島久雄（訳），『誰のためのデザイン？（増補・改訂版）：認知科学者のデザイン原論』．新曜社，2015.（[24] 再掲）

[25] 渡邊恵太，『融けるデザイン：ハード×ソフト×ネット時代の新たな設計論』．ビー・エヌ・エヌ新社，2015.

[26] Wendel, S.（著），相島雅樹，反中望，松村草也（訳），武山政直（監修），『行動を変える
　　デザイン：心理学と行動経済学をプロダクトデザインに活用する』．オライリージャパン，
　　2020.
[27] 山田歩，『選択と誘導の認知科学』．新曜社，2019.

● 索　引

【数字・英字】

3 階層モデル（three-layer-model）　　67

Fitts の法則（Fitts' law）　　71

Hick–Hyman の法則（Hick-Hyman law）　70

IEEE-STD-830-1998　　126
ISO20282-1　　49
ISO9241-11　　84
ISO9241-210　　162

JIS Z8521:2020　　84

NEM（novice expert ration method）　166
NE 比（NE ratio）　　166

SRK モデル（SRK model）　　67
SUS（system usability scale）　　166

VR（virtual reality）　　27

Weber-Fechner の法則（Weber-Fechner's law）　　60
WHO 国際障がい分類（WHO International Classification of Impairments, Disabilities and Handicaps, ICIDH）　　49
WHO 国際生活機能分類（WHO International Classification of Functioning, Disability and Health, ICF）　　50
WIMP（windows, icons, menus, and a pointing device）　　34
WOZ プロトタイプ（WOZ prototype）　152
WOZ 法（WOZ method）　　151

【あ】

アイコン（icon）　　34
アクタ（actor）　　133
アクチュエータ（actuator）　　19
アフォーダンス（affordance）　　74, 76
暗所視（scotopic vision）　　56
アンドゥ機能（undo）　　43
一貫性（consistency）　　38
インスペクション法（inspection method）　170
インタビュア（interviewer）　　108
インタビュー（interview）　　107, 117
インタビューイ（interviewee）　　108
インタラクション（interaction）　　2
ウィンドウ（window）　　34, 35
ウェアラブルコンピュータ（wearable computer）　　28
ウェーバーの法則（Weber's law）　　59
ウォータフォール・モデル（waterfall model）　　96
エスノグラフィ（ethnography）　　113

オクルージョン問題（occlusion problem）　23

オズの魔法使い法（Wizard of Oz technique）　151

音（sound）　56

オブジェクト指向（object-oriented）　39

音響（acoustic）　56

音声インタフェース（voice interface）　3

【か】

カーソル（cursor）　17, 34

回顧法（retrospective method）　89

拡張現実感（augmented reality, AR）　28

可視光（visible light）　56

仮想現実感（virtual reality, VR）　27

（感覚の）質（quality of sensation）　55

（感覚の）種（modality of sensation）　55

観察（observation）　113

間接操作（indirect manipulation）　41

キーストロークレベルモデル（keystroke-level model, KLM）　72

キーボード（keyboard）　16

規則（rule）　67

規則ベースの行動（rule-based action）　67

技能（skill）　67

技能ベースの行動（skill-based action）　67

機能や形態の障がい（impairment）　49

機能要求（functional requirements）　126

キャラクタユーザインタフェース（character user interface, CUI）　37

共進化（coevolution）　13

グラフィカルユーザインタフェース（graphical user interface, GUI）　34

繰返しの評価（iterative evaluation）　164

経験（experience）　180

経験サンプリング（experience sampling）　123

形成的評価（formative evaluation）　158

現状の体験（as-is experience）　185

行為の7段階モデル（seven stages of action）　66

効果（effectiveness）　9, 84

効果器（responder）　53

構造化ヒューリスティック評価法（structured heuristic evaluation method, sHEM）　174

効率（efficiency）　9, 84

五感（five senses）　54

コト（thing）　3, 13

コマンドラインインタフェース（command-line interface, CLI）　37

コンテキスト（context）　146

コントロール（control）　41

【さ】

サービスデザイン（service design）　183

サービスブループリント（service blueprint）　183, 185

サーモスタット（thermostat）　20

作業記憶（working memory）　64

作業モデル（working model）　75

シグニフィア（signifier）　77

思考発話法（think aloud method）　154, 159

指示装置（pointing device）　17

自然観察（natural observation）　　114

疾患や変調（disease or disorder）　　49

実験計画（experimental design）　　165

実験的評価（empirical evaluation）
160, 161

実世界指向インタフェース
（real-world-oriented interface）　　29

質問紙（questionnaire）　　111

シナリオ（scenario）　　129, 131, 153

ジャーニーマップ（journey map）　　183

社会的不利（handicap）　　49

熟練者（expert）　　44

受容器（receptor）　　53

障がい（disability）　　49

状態機械（state machine）　　53

情報可視化（information visualization）
41

処理時間（processing time）　　69

シングルプロトタイピング（single
prototyping）　　155

人工物（artifact）　　2

身体性（embodiment）　　41

数値化（quantification）　　159

ストーリボード（storyboard）　　143

生活の質（quality of life, QoL）　　13

設計プロセス（design process）　　95

セレクト（select）　　21

センサ（sensor）　　17

専門家評価（expert review）　　160

総括的評価（summative evaluation）
158

操作器（control）　　22

操作器と表示器の関係（control-display
relationship）　　22

操作面（control surface）　　41

ソリッドユーザインタフェース（solid user
interface, SUI）　　42

【た】

ダイアリー・スタディ（diary study）
122

大数の法則（law of large numbers）
165

対話的コンピュータグラフィックス
（interactive computer graphics）　　41

打鍵（keystroke）　　72

タスク分析（task analysis）　　129

タッチスクリーン（touchscreen）　　23

ダブルダイヤモンド（double diamond）
188

タンジブルインタフェース（tangible
interface）　　29

知識（knowledge）　　67

知識ベースの行動（knowledge-based
action）　　68

忠実度（fidelity）　　141

忠実度の高いプロトタイプ（high-fidelity
prototype, Hi-Fi prototype）　　141

忠実度の低いプロトタイプ（low-fidelity
prototype, Lo-Fi prototype）　　141

チョイス（choice）　　21

超音波（ultrasound）　　57

長期記憶（long-term memory）　　64

直接操作（direct manipulation）　　41

定性的調査（qualitative research）　　107

定量的調査（quantitative research）
107

デザインモデル（design model）　　75

デザインラダー（design ladder）　　187

デンマーク・デザインカウンシル（Danish
Design Council）　　187

同期型（synchronous）　　25

得点化（scoring）　　159

【な】

難度（index of difficulty, ID）　72
人間–機械モデル（man–machine model）
　53
人間工学（ergonomics, human factors）
　6
人間中心設計（human-centered design,
　HCD）　2, 9
認知的ウォークスルー（cognitive
　walkthrough）　170, 175
能力障がい（impairment）　49

【は】

バックエンド（backend）　14
パラレルプロトタイピング（parallel
　prototyping）　155
バリアフリー（barrier-free）　51
光（light）　56
非機能要求（non-functional requirements）
　126
被験者数（the number of participants）
　163
ビデオプロトタイプ（video prototyping）
　146, 154
非同期型（asynchronous）　25
ヒューマンエラー（human error）　69
ヒューマンコンピュータインタラクション
　（human-computer interaction, HCI）
　2
ヒューリスティックス（heuristics）　170
ヒューリスティック評価（heuristic
　evaluation）　170
表示器（display）　22
表示面（display surface）　41
ファットフィンガー問題（fat finger
　problem）　23

フォトエッセイ（photo essay）　124
フォトダイアリ（photo diary）　124
複合現実感（mixed reality, MR）　28
フック（hook）　153
ブラウン管（cathode-ray tube, CRT）
　18
ブレインコンピュータインタフェース
　（brain-computer interface, BCI）　30
ブレインマシンインタフェース
　（brain-machine interface, BMI）　30
プローブ（probe）　139
プロセス（process）　5, 82
プロダクト（product）　82
プロトタイプ（prototype）　140
フロントエンド（frontend）　14
文化プローブ（cultural probe）　139
分析的評価（analytic evaluation）　160
文脈における質問（contextual inquiry）
　115
ペーパープロトタイピング（paper
　prototyping）　144
ペーパープロトタイプ（paper prototype）
　144
ヘッドマウントディスプレイ
　（head-mounted display, HMD）　27
ペルソナ（persona）　129, 130
ポインティングデバイス（pointing device）
　17, 33
ポイント（point）　21
星人間（star people）　149
ボタン（button）　16, 17
没入感（sense of immersion）　27

【ま】

マウス（mouse）　17, 34
マクロ機能（macro function）　45

満足（satisfaction）　9, 84

明所視（photopic vision）　56

メタファ（metaphor）　39

メニュー（menu）　34

メンタルモデル（mental model）　74

目標（goal）　84

モデルヒューマンプロセッサ（model human processor, MHP）　63

モノのインターネット（internet of things, IoT）　19

モバイル環境（mobile environment）　24

【や】

ユーザ（user）　1, 7, 47

ユーザインタフェース（user interface）　2, 3

ユーザエクスペリエンス（user experience, UX）　93, 180

ユーザシナリオ（user scenario）　131

ユーザビリティ（usability）　9, 84, 93

ユーザビリティスケール（usability scale）　166

ユーザビリティ測定尺度（usability measurement scale）　85

ユーザビリティデザインプロセス（usability design process）　98

ユーザビリティラボ（usability laboratory）　89

ユースケース（usecase）　129, 132

ユースケース記述（usecase description）　133

ユースケースシナリオ（usecase scenario）　132

ユースケース図（usecase diagram）　133

ユニバーサルデザイン（universal design）　51

欲求段階モデル（Maslow's hierarchy of needs）　78

【ら】

ラポール（rapport）　120

理想の体験（to-be experience）　185

リッカート尺度（Likert scale）　86

リドゥ機能（redo function）　44

利用状況（context of use）　84

利用品質（quality in use）　83

著者略歴

郷 健太郎（ごう けんたろう）

1996 年　東北大学大学院 情報科学研究科 博士課程後期 3 年の課程修了　博士 (情報科学)
1996 年　東北大学 電気通信研究所 助手
1998 年　バージニア工科大学 HCI 研究所 研究員
1999 年　山梨大学 工学部 助手
2003 年　山梨大学 工学部 助教授
2011 年　山梨大学 大学院医学工学総合研究部（現 大学院総合研究部）教授
　　　　　現在に至る

専門は知能情報学のうち，ヒューマン・コンピュータ・インタラクション，人間中心設計．
主な研究テーマは，眼科診断装置や文字入力システム，デザイン手法など．著書に『要求
工学』(共立出版, 2002 年),『エクスペリエンス・ビジョン』(丸善出版, 2012), 訳書に『シ
ナリオに基づく設計』(共立出版, 2003 年) などがある．

装丁・組版　藤原印刷株式会社
編集　小山 透, 高山 哲司

人間中心設計イントロダクション

2022 年 3 月 31 日　　初版第 1 刷発行

著　者　郷 健太郎
発行者　大塚 浩昭
発行所　株式会社近代科学社
　　　　〒101-0051 東京都千代田区神田神保町1丁目105番地
　　　　https://www.kindaikagaku.co.jp

HCDライブラリー

編者委員：黒須正明　松原幸行　八木大彦　山崎和彦

0　HCD ライブラリー 第 0 巻
人間中心設計入門
編者：黒須正明、山崎和彦、松原幸行、
　　　八木大彦、竹内公啓
著者：山崎和彦、松原幸行、竹内公啓
B5 変型判・192 頁・定価 2,500 円＋税

1　HCD ライブラリー 第 1 巻
人間中心設計の基礎
著者：黒須正明
B5 変型判・296 頁・定価 3,800 円＋税

2　HCD ライブラリー 第 2 巻
人間中心設計の海外事例
著者：キャロル・ライヒ、ジャニス・ジェームズ
訳者：HCD ライブラリー委員会
B5 変型判・192 頁・定価 3,200 円＋税

3　HCD ライブラリー 第 3 巻
人間中心設計の国内事例
著者：HCD ライブラリー委員会
B5 変型判・248 頁・定価 3,500 円＋税

未刊　**4**　HCD ライブラリー 第 4 巻
人間中心設計におけるマネジメント
著者：篠原稔和

5　HCD ライブラリー 第 5 巻
人間中心設計におけるユーザ調査
著者：黒須正明、橋爪絢子

未刊　**6**　HCD ライブラリー 第 6 巻
人間中心設計におけるデザイン
著者：山崎和彦、松原幸行、長谷川敦士

7　HCD ライブラリー 第 7 巻
人間中心設計における評価
著者：黒須正明、樽本徹也、奥泉直子、古田一義、佐藤純
B5 変型判・224 頁・定価 3,600 円＋税

※未刊の書名等は変更となる場合があります。

製品開発のためのHCD実践
ユーザの心を動かすモノづくり

著者：福住 伸一・笠松 慶子

A5判・192頁・定価2,500円+税

ユーザ中心のモノづくりは、いかにあるべきか?

　人間中心設計とは、人間が安全に活動し、最大の成果を得るための学問である人間工学における基本的な考え方です。本書は、人間中心設計の理論から実践までをコンパクトにまとめたもので、本書を読めば、人間中心設計が製品開発を含む多くの活動と結びついていることが分かるでしょう。

　理論については、人間中心設計の国際標準規格であるISO9241-210:2019と、それに伴って日本工業規格が定めたJIS Z8530:2021を中心に基本的な考え方を説明します。これらは、ユーザが使いやすい製品やサービスを作りやすくするための規格であり、モノづくりになくてはならない存在となりつつあります。本書では、現場で人間中心設計を適用した実践例を豊富に示します。また、開発とは対極にあるマネジメントの場面で人間中心設計がどう生かされるかも紹介します。

　人間中心設計を学ぶ学生はもとより、若手の開発者・エンジニア、さらにはプロジェクトマネジメントに携わる人々にも使えるよう構成した一冊です。

UX原論
ユーザビリティから UX へ

著者：黒須 正明

A5判・312頁・定価3,500円+税

UXとは何か？ どうあるべきなのか？

　UXという言葉が生まれてからもう20年ほどになりますが、いまでは典型的な"バズワード"の一つとなっています。すなわち、世間で広く使われるようにはなったものの、定義が曖昧な流行語ということです。

　昨今、UXの概念と方法論については様々なものが混在しており、相互の関係も明確にならないまま拡散している状況にあります。

　本書は、これまでの概念定義や設計時の留意事項などについて詳細に考察し、随所で著者の見解を紹介しながら、混迷しているUXについて、ロジカルに正しいと考える概念や内容を整理してその方法論などを解説しています。

　この分野に何らかの関係がありそうで気にはなっているけれど、実はよくわからないと感じている人たちに向けてUXという概念の論理的な位置づけを明瞭に示す内容となっています。

あなたの研究成果、近代科学社で出版しませんか？

▶ 自分の研究を多くの人に知ってもらいたい！
▶ 講義資料を教科書にして使いたい！
▶ 原稿はあるけど相談できる出版社がない！

そんな要望をお抱えの方々のために
近代科学社 Digital が出版のお手伝いをします！

近代科学社 Digital とは？

ご応募いただいた企画について著者と出版社が協業し、プリントオンデマンド印刷と電子書籍のフォーマットを最大限活用することで出版を実現させていく、次世代の専門書出版スタイルです。

近代科学社 Digital の役割

- **執筆支援** 編集者による原稿内容のチェック、様々なアドバイス
- **制作製造** POD 書籍の印刷・製本、電子書籍データの制作
- **流通販売** ISBN 付番、書店への流通、電子書籍ストアへの配信
- **宣伝販促** 近代科学社ウェブサイトに掲載、読者からの問い合わせ一次窓口

近代科学社 Digital の既刊書籍 （下記以外の書籍情報は URL より御覧ください）

電気回路入門
著者：大豆生田 利章
印刷版基準価格(税抜)：3200円
電子版基準価格(税抜)：2560円
発行：2019/9/27

DX の基礎知識
著者：山本 修一郎
印刷版基準価格(税抜)：3200円
電子版基準価格(税抜)：2560円
発行：2020/10/23

理工系のための微分積分学
著者：神谷 淳 / 生野 壮一郎 /
仲田 晋 / 宮崎 佳典
印刷版基準価格(税抜)：2300円
電子版基準価格(税抜)：1840円
発行：2020/6/25

詳細・お申込は近代科学社 Digital ウェブサイトへ！
URL: https://www.kindaikagaku.co.jp/kdd/index.htm